W0262802

S. Behrendt et al./Umweltgerechte Produktgestaltung

Springer
Berlin
Heidelberg
New York
Barcelona
Budapest
Hongkong
London
Mailand
Paris
Santa Clara
Singapur
Tokio

Siegfried Behrendt · David Köplin · Rolf Kreibich
Holger Rogall · Thomas Seidemann

Umweltgerechte Produktgestaltung

ECO-Design in der elektronischen Industrie

Mit 27 Abbildungen

Springer

Siegfried Behrendt
David Köplin
Rolf Kreibich
Holger Rogall
Thomas Seidemann

Institut für Zukunftsstudien
und Technologiebewertung
Schopenhauerstr. 26
14129 Berlin

ISBN-13:978-3-642-64695-9

Die Deutsche Bibliothek – CIP-Einheitsaufnahme
Umweltgerechte Produktgestaltung: ECO-Design in der elektronischen Industrie / Behrendt, Siegfried... –
Berlin; Heidelberg; New York; Barcelona; Budapest; Hong Kong; London; Mailand; Paris; Tokyo; Springer,
1996
   ISBN-13:978-3-642-64695-9   e-ISBN-13:978-3-642-61103-2
   DOI: 10.1007/978-3-642-61103-2

NE: Behrendt, Siegfried [Hrsg.]

SPIN 10519263   30/3136-5 4 3 2 1 0 – Gedruckt auf säurefreiem Papier

Vorwort

Heute sind die Belastungsgrenzen von Natur und Sozialsystem durch die hohen Stoff-, Energie- und vor allem Schadstoffströme nahezu erreicht. Einzelne lokale und regionale Ökosysteme sind bereits unwiederbringlich zerstört. Um weiteren Schaden abzuwenden, brauchen wir ein neues zukunftsfähiges Leitkonzept für Produktion und Konsumtion. Das Leitziel muß eine 'sustainable economy' sein, eine Wirtschaftsweise, in der die Lebens- und Produktionswerterhaltung des Naturvermögens und eine gerechtere Verteilung der hieraus zu ziehenden Gewinne höchste Priorität haben. Da die bisherige Ressourcenverschwendung und die wachsenden Mengen von nicht mehr verwertbaren Abfällen und Sonderabfällen die Belastbarkeitsgrenzen der natürlichen Ökosysteme teilweise schon überschritten haben, wird eine zukunftsfähige Industriewirtschaft nur dann überlebensfähig sein, wenn der Ressourceneinsatz minimiert und die Wertstofferhaltung optimiert werden.

Eine zentrale Bedeutung in einer langfristig umweltverträglichen Wirtschaft kommt der ökologischen Produktgestaltung als Kernstück einer zukünftigen Kreislaufwirtschaft zu. Unter dieser Leitperspektive stand das Projekt „Entsorgungsfreundliche Gestaltung komplexer Produkte" des Instituts für Zukunftsstudien und Technologiebewertung (IZT), mit dessen praktischer Konzipierung bereits 1989 begonnen wurde. Gemeinsam mit der Loewe Opta GmbH wurde mit Förderung des Bundesministeriums für Forschung und Technologie ein völlig neues Farbfernsehgerätekonzept entwickelt, das sich insbesondere durch eine schadstoffarme Elektronik und ein markantes Stahldesign für das Gehäuse auszeichnet. IZT und Loewe Opta erhielten hierfür den Stahl-Umwelt-Innovationspreis 1994.

Die Resultate, die bei dem Pilotprojekt gewonnen wurden und hier erstmals zusammenfassend als Buch vorliegen, haben das Feld der ökologischen Produktgestaltung bereits nachhaltig befruchtet. Sie sind nicht nur für die Herstellung von umweltfreundlichen Fernsehgeräten von Bedeutung, sondern grundsätzlich für alle elektronischen Produkte, da die Problemlagen vergleichbar sind. In Zukunft könnten beispielsweise ebenso Computer, Radios, Waschmaschinen, Staubsauger, Telefone oder Kühlschränke schadstoffarm und verwertungsgerecht konstruiert werden. Dadurch ließe sich in erheblichem Umfang Elektronikschrott und nicht zuletzt Sondermüll vermeiden. Umgekehrt würden Wertstoffe nicht verlorengehen, sondern könnten zur Herstellung derselben oder vergleichbarer Produkte wieder eingesetzt werden.

Neben den ökologischen Vorteilen des neuen Konzepts, müssen noch die wirtschaftlichen hervorgehoben werden. Hier sind die zukünftigen Wettbewerbsvorteile durch Ressourceneinsparungen, die Reduktion der Entsorgungskosten und der Imagegewinn für das Unternehmen zu nennen. Als besonders relevanter betriebswirtschaftlicher Gewinn ist mittel- und langfristig vor allem die bisher in der einschlägigen Fachliteratur noch kaum behandelte Tatsache von Bedeutung, daß durch die demontagegerechtere Gestaltung der Geräte auch eine kürzere

Montagezeit erreicht wird, was auf der Produktionsseite kostenreduzierend zu Buche schlägt. Mit der Vereinfachung des Produktkonzepts konnte zudem beispielhaft die Reparatur- und Wartungsfreundlichkeit erhöht werden.

Als Fazit läßt sich schon heute feststellen: Wenn es einem Unternehmen gelingt, die zweifellos hohen Hürden vielfältiger interner und externer Schwierigkeiten und Hindernisse zu überwinden und das innovative Produkt in die Serienreife zu überführen, dann stehen sowohl die unternehmensstrategischen als auch die betriebswirtschaftlichen Vorteile zumindest mittel- und langfristig außer Zweifel. Daher ist zu hoffen, daß das Buch einen breiten Leserkreis findet und die ermutigenden Ergebnisse dazu beitragen, die Prinzipien der ökologischen Produktgestaltung und Kreislaufwirtschaft in der Praxis umzusetzen.

Der besondere Wert des Projektes und seiner Darstellung in diesem Buch liegt vor allem darin, daß hier der Kernbereich einer nachhaltigen Produktionsweise, die allein eine zukunftsfähige Wirtschaftsperspektive eröffnet, an einem realen komplexen Industrieprodukt beispielhaft demonstriert werden konnte.

Die Forschungsgruppe des IZT dankt der Firma Loewe Opta für die ausgezeichnete und besonders kooperative Zusammenarbeit, insbesondere den Herren Landeck, Maryniok, Dr. Raithel, und Schaas, ohne die mehrere kritische Phasen in der Projektentwicklung nicht hätten gemeistert werden können.

Rolf Kreibich

Wissenschaftlicher Direktor und Geschäftsführer des IZT

Inhaltsverzeichnis

Abbildungsverzeichnis

Tabellenverzeichnis

1 Ausgangssituation

1.1 Abfallnotstand

Die bisherigen Müllvermeidungs- und Abfallverwertungsanstrengungen haben nicht dazu geführt, daß der Müllnotstand beseitigt oder das Problem der wachsenden Schadstoffeinträge in die Biosphäre verringert werden konnte. Auch wenn es partielle Erfolge, vor allem einzelner Kommunen und Unternehmen gibt, die Schadfolgen der Müllbeseitigung durch neue Reinigungstechnologien zu mindern, muß das Abfallproblem unter ökologischen Kriterien zur dauerhaften Erhaltung der Lebens- und Produktionsgrundlagen nach wie vor als ungelöst bezeichnet werden [1].

In Deutschland fallen jährlich rund 380 Millionen Tonnen Abfall an, also fast 5 Tonnen pro Kopf. Es gibt leider weder für die alten noch für die neuen Bundesländer aktuelle Zahlen, die neuesten stammen von 1987 (alte Bundesländer) bzw. 1988 für die ehemalige DDR [2,3]. In den alten Bundesländern fielen danach 1987 insgesamt 243 Millionen Tonnen Abfälle an, davon 108 Millionen Tonnen Bauschutt, 104 Millionen Tonnen Produktionsabfälle, 27 Millionen Tonnen Siedlungsabfälle, 3 Millionen Tonnen Klärschlämme und 2 Millionen Tonnen Sonderabfälle. In der DDR fielen 1988 rund 91 Millionen Tonnen Industrieabfälle, 38 Millionen Tonnen feste Siedlungsabfälle und Bauschutt und 1,3 Millionen Tonnen Sonderabfälle an. Auch wenn die Zahlen und Kategorien nicht ohne weiteres vergleichbar sind, bringen sie in der Größenordnung das Mengenproblem des Abfallanfalls deutlich zum Ausdruck. Aufgrund qualitativer Analysen ist davon auszugehen, daß in diesen Abfallbergen etwa 10 Millionen Tonnen kritische Abfälle stecken. Letztere stellen ein besonders hohes Risiko für die Ökosysteme und die Gesundheit dar. Auch wenn das Abfallaufkommen in den alten Bundesländern in den letzten Jahren konstant gehalten werden konnte, kommt jedes Jahr die gleiche Menge Müll hinzu und verringert entsprechend das Ressourcen- und das Absorptionspotential der Natur. Besonders kritisch ist zudem, daß der Anteil an Sondermüll eine steigende Tendenz aufweist. Der Abfallnotstand ist das Ergebnis einer globalen Fehlsteuerung in der Wirtschaftspolitik, die in erster Linie durch zu niedrige Rohstoff- und Energiepreise zu einer gigantischen Vernichtung von Wertstoffen führen muß.

Zusammenfassend ist die krisenhafte Situation im Abfallbereich gekennzeichnet durch

– eine zu hohe Nutzungsrate nicht erneuerbarer und erneuerbarer Ressourcen,

- eine zu hohe Belastungsrate im Hinblick auf die Absorptionsfähigkeit der natürlichen Umweltmedien,
- die Begrenztheit von End-of-pipe-Strategien, die weithin nur zu Verschiebungen der Probleme von einem Umweltmedium in ein anderes geführt haben,
- die schwindende Akzeptanz bei den Bürgern, lokale Umweltbelastungen, speziell durch Müllverbrennungsanlagen und Deponien, hinzunehmen,
- die steigenden Abfallbeseitigungskosten und einen wachsenden legalen und kriminellen Mülltourismus vor allem in Länder Osteuropas und der Dritten Welt,
- die drastische Verknappung der Müllverbringungskapazität, denn in spätestens 5 Jahren wird bei unveränderten Abfallmengen etwa die Hälfte der heutigen Deponien in Deutschland erschöpft sein. [4]

1.2 Abfallströme bei Produkten

Die riesigen *Stoff-, Energie- und Abfallströme bei Produkten*, die heute einen Großteil des Ressourcenverbrauchs und der Umweltbelastungen ausmachen, entstehen ja nicht nur bei der Verbringung der Altprodukte, sondern während ihres gesamten Lebenszyklus, d. h. bei

- der *Rohstoffgewinnung* (so fallen beispielsweise bei der Gewinnung von einer Tonne Platin etwa 400.000 Tonnen Abfälle an) [5],
- der *Produktion* von Vor-, Zwischen- und Endprodukten,
- der *Verteilung* der Produkte (Verpackung, Transport usw.),
- dem *Gebrauch* der Produkte (Wartung, Reparatur, Verschleiß),
- der *Entsorgung des Produktes* selbst und
- der für die Entsorgung benötigten *Infrastrukturen* (Recycling-, Reinigungs- und Transporttechnologien erzeugen Klärschlämme, Schlacken, Filterstäube u. a.).

Beim Abfallaufkommen von Produkten müssen grundsätzlich alle auftretenden unmittelbaren und mittelbaren Energie- und Abfallmengen sowie die Schadstoffqualitäten beachtet werden, die mit dem Produkt verbunden sind. Betrachtet man beispielsweise die Stoff-, Energie- und Schadstoffbilanz eines Automobils über den gesamten Lebenszyklus, so ergibt sich für einen Mittelklassewagen ein Primärenergieverbrauch von 22,9 Tonnen SKE (Steinkohleeinheiten), 26,5 Tonnen fester Abfälle bei einem Eigengewicht von 1160 kg, 13,0 Liter Rohöl, die in die Weltmeere gelangen, 46,4 g Rohöl, die in den Boden und in das Grundwasser sickern und zahlreiche gasförmige, flüssige und feste Emissionen, die in die Umwelt eingetragen werden, von Kohlenwasserstoffen über Stickoxide,

Kohlenmonoxid und Kohlendioxid, Stäube, Platin-, Zink- und Schwermetall-emissionen, Brems- und Reifenabriebe, Formaldehyde bis zu Benzol [6].

1.3 Entsorgungsprobleme komplexer Produkte

Das zentrale Problem einer zukünftigen ökologisch und sozial verträglichen Wirtschaftsweise ist die Gestaltung der Produkte und Produktionsverfahren. Grundsätzlich muß der Anforderungskatalog zur Gestaltung von Produkten bei der Konzeption und Entwicklung ansetzen. Dabei sind die ökologischen Gestaltungskriterien nicht mehr nur auf die Nutzung, sondern auch auf die Behandlung der Altprodukte auszurichten.

Besonders bei komplexen Produkten wie z. B. Fernsehgeräten, Waschmaschinen, CD-Playern, Bohrmaschinen, Staubsaugern oder Computern, bestehen heute im Hinblick auf eine spätere umweltverträgliche Behandlung der Altprodukte gravierende Probleme. So entwickelt die Forschung immer neue Materialien und Verbundtechniken. Die Industrie arbeitet intensiv an neuen Verfahrenstechniken und am Einsatz neuer Werkstoffe, um die Produktionsverfahren effizienter und die Produkte noch gebrauchs- und verkaufstauglicher zu machen. Das bringt für die Produkte zahlreiche Verbesserungen ihrer Eigenschaften wie etwa

- Erhöhung der Gebrauchstauglichkeit,
- Erhöhung der Betriebssicherheit,
- höhere Hitzebeständigkeit,
- größere Haltbarkeit und geringere Korrosionsanfälligkeit,
- schöneres Design und ästhetische Oberflächen,
- leichtere Bedienbarkeit,
- Einsparung von Energie und Material beim Gebrauch,
- längere Lebensdauer.

Diesen Vorteilen stehen nun aber gravierende Nachteile bei ihrer Entsorgung gegenüber, denn die bisherige technische Entwicklung komplexer Produkte führte dazu, daß

- die Anzahl der verwendeten Bauteile und Werkstoffe in einem Produkt wächst,
- das Spektrum dieser Stoffe, insbesondere der Kunststoffe, aber auch der Metalle, Keramiken und Halbleitermaterialien immer breiter wird,
- die Verbindungen zwischen den Systemteilen durch Verschweißungen, Verklebungen und Beschichtungen intensiver werden und dafür sorgen, daß die Produkte immer schwerer demontierbar sind,
- die einzelnen Stoffverbindungen oder Stoffgemische sich nicht mehr trennen lassen,

– selbst die Produzenten nicht mehr genau wissen, was für Materialien mit welchen Eigenschaften und Zusammensetzungen in ihren Produkten verarbeitet wurden.

Besondere Probleme werfen die Verbundkonstruktionen und Verbundwerkstoffe auf. Heute können Metalle mit Kunststoffen oder Keramiken zu Teilsystemen so fest verbunden werden, daß eine Trennung an den Materialgrenzen praktisch undurchführbar oder zumindest nicht mit wirtschaftlich vertretbarem Aufwand möglich ist. Bei den Verbundwerkstoffen, beispielsweise bei den mit hohen Festigkeiten, Elastizitäten und geringen Gewichten hoch bewerteten Faserverbundwerkstoffen, sind Wiederverwertungsstrategien für die Teilwertstoffe praktisch ausgeschlossen. Ein weiteres Problem stellen die zahlreichen Veredelungen von Systemteilen und Werkstoffen dar, für die ein ganzes Arsenal chemischer Zusatzstoffe eingesetzt wird. Man denke hier an Korrosionsschutzmittel, Kunststoffbeschichtungen, Farben, Antistatika, Biozide oder Dotierungsmaterialien, die besondere Funktions- und Gebrauchseigenschaften von Stoffen und Systemteilen ermöglichen. Vielfach handelt es sich gerade bei diesen Werkstoffen um besonders kritische Substanzen, die aufgrund ihrer physikalisch und chemisch komplexen Einbindung in die Trägerstoffe gravierende Probleme im Entsorgungsbereich aufwerfen. Daß diese Stoffe im allgemeinen nicht gekennzeichnet sind, zeigt, daß wir es weitgehend mit kritischen "schwarzen Kästen" zu tun haben. Die sich hier aufgrund der rasanten Werkstofforschung und Werkstoffentwicklung ständig verschärfende Situation am Ende der Lebenskette von Produkten ist der Hauptgrund, weshalb die Probleme immer weniger im nachhinein lösbar werden. Die Entwicklung erhält durch die international offenen Märkte eine besondere Zuspitzung. Sind wir im Produktionsland kaum in der Lage die Abfallfolgen komplexer Produkte zu bewältigen, um wieviel weniger ist dies in den Käuferländern der Fall. Somit kommt es für ein zukünftiges ökologisches Wirtschaften darauf an, daß primär die Güterproduzenten und Exportländer auch die Verantwortung für die Rückführung der Produkte in die Wertstoffwirtschaft tragen.

1.4 End-of-pipe-Strategien

International vergleichende Länderstudien, ebenso Untersuchungen über die Entwicklung in der Bundesrepublik Deutschland zeigen, daß der ökologisch positiv zu bewertende industrielle Strukturwandel durch Verkleinerung von Produkten und Verringerung von Stoff- und Energieeinsätzen pro Produktionseinheit durch das gleichzeitig angestrebte Wirtschaftswachstum kompensiert wurde [7]. Die bisher hauptsächlich nachgeschaltete Umweltschutztechnik, die mit erheblichen Kosten in den entwickelten Ländern verbunden war, hat in Teilbereichen Umweltentlastungseffekte gebracht. Heute verweisen jedoch genauere Bilanzen auf mehrere ökologische Negativeffekte, die diese Form der Umweltpolitik und Umweltökonomie als weitgehend ausgereizt erscheinen lassen.

In erster Linie wird durch nachgeschaltete Umweltschutz- bzw. Abfalltechnik eher quantitatives als qualitatives Wachstum induziert. Entsorgende Umweltschutztechnik ist häufig selbst ökologisch unzulänglich. Hinzuweisen ist beispielsweise auf die großen Material- und Energieeinsätze, die hohen und schadstoffreichen Rückstände und die Abwärmeverluste bei Reinigungs- und Müllverbrennungsanlagen und auf den Flächenverbrauch von Deponien. Die massiven Investitionen in Großstrukturen verhindern zudem häufig Innovationen im Hinblick auf präventive Strategien und Maßnahmen.

Schon heute kann kein Betreiber einer Müllverbrennungsanlage oder einer Deponie präzise sagen, welche Verbrennungs-, Verschwelungs-, Entgasungs- oder Deponie-Restprodukte letztlich entstehen und wie diese mittel- und langfristig in den Medien Luft, Boden, Gewässer und Grundwasser wirken. Modernste Filtertechniken hinken angesichts des rasanten Fortschritts in der Werkstoffentwicklung hinterher oder versagen. Erprobte Recyclingverfahren können bei wachsender Materialvielfalt und gleichbleibenden Reinheitsanforderungen an die Wertstoffe ihre Aufgabe nicht mehr erfüllen. Genauere Analysen deuten daraufhin, daß sich die Entwicklung neuer Werkstoffe schneller vollzieht als die Entwicklung ausgereifter Reinigungs- und Recyclingtechniken. Deponien verschieben die Probleme nur um 50 bis 75 Jahre.

1.5 Grenzen traditioneller Recyclingwirtschaft

Während der Rat von Sachverständigen für Umweltfragen in seinem Abfallwirtschafts-Sondergutachten von 1990 zu Recht auf die begriffliche Unklarheit des aus dem Englischen entlehnten Begriffs "Recycling" verweist, benutzt der Verein Deutscher Ingenieure (VDI) diesen Begriff sogar im Titel seiner Richtlinie 2243 [8,9]. Zu übersetzen wäre der *Begriff 'Recycling'* etwa mit "Kreislaufrückführung". Tatsächlich wurden traditionell nur die verschiedenen Formen der stofflichen und energetischen Verwertung unter diesem Begriff subsumiert. Der Rat von Sachverständigen versucht deshalb, die Verwendung des Begriffs Recycling zu vermeiden. Das läßt sich allerdings wegen seiner in der Fachliteratur und in der Praxis der Abfallwirtschaft weit verbreiteten Anwendung nicht durchhalten. Bei seiner Verwendung muß allerdings sein Inhalt klar definiert werden. Andernfalls sind grundlegende Mißverständnisse im Rahmen von Abfallwirtschaftsstrategien sowie bei der Bewertung von Instrumenten und der Durchführung von Maßnahmen vorprogrammiert.

Zur *Bewertung der traditionellen Recyclingwirtschaft* kann der Begriff nur im Sinne der stofflichen und energetischen Verwertung von Wertstoffen

(Wiederverwertung oder Weiterverwertung, s.u.) verwendet werden. Die Wertstoffe fallen entweder im Rahmen der Produktion als Produktionsabfälle oder bei der Entsorgung als Altproduktabfälle an und werden durch den Vorgang der Rezyklierung in die Produktion oder den Verbrauch rückgeführt. Für die energetische Seite ist die Verwendung von "Recycling" besonders problematisch, weil der Begriff der "energetischen Verwertung" eine hochwertige Energieumwandlung vortäuscht. Tatsächlich handelt es sich aber nur um die Nutzung des Energieinhalts von Wertstoffen zur Wärmeerzeugung bei Zerstörung der hochwertigen Werkstoffe.

Bezieht man sich auf den traditionellen Recycling-Begriff, dann konnte das Wertstoffaufkommen aus Produktionsprozessen und Altprodukten in den letzten Jahren durchaus erhöht werden.

Diese partiellen Erfolge dürfen jedoch nicht darüber hinwegtäuschen, daß auf der anderen Seite die Verwertungskonzepte für komplexe Produkte eher in der Sackgasse stecken. Die in Kap. 1.4 dargestellten technologischen Entwicklungen hinsichtlich neuer Werkstoffe und Systemeigenschaften komplexer Produkte sind ein starkes Hindernis für eine ökologische Wertstoffwirtschaft und eine schadstoffarme Entsorgung nichtverwertbarer Rückstände. Die folgenden Beispiele zeigen, welche engen Grenzen der traditionellen Recyclingwirtschaft gezogen sind:

— Kunststoffe lassen sich nur bei einem sehr hohen Reinheitsgrad zu neuen hochwertigen Ausgangsstoffen für die Produktion gleicher Produkte rezyklieren. Das ist durch eine nachträgliche großtechnische Sortierung im allgemeinen nicht zu erreichen. Es ist unsicher, ob auf absehbare Zeit überhaupt ein automatisches Sortierungsverfahren für Kunststoffe entwickelt werden kann, das wirtschaftlich vertretbar ist. Die zunehmende Anzahl von Kunststoffsorten in einem Produkt macht eine sortenreine Sammlung und Trennung dieser Werkstoffe immer schwieriger. So werden bislang in Deutschland lediglich 0,5 Millionen t von insgesamt anfallenden ca. 2,5 Millionen t Altkunststoff pro Jahr verwertet (hiervon 80% im Rahmen eines Produktionsrecyclings innerhalb der Fabriken), 0,7 Millionen t werden verbrannt, 1,3 Millionen t deponiert. Wie die 1991 produzierten ca. 9 Millionen t Kunststofferzeugnisse nach Ablauf ihres Produktlebens entsorgt werden sollen ist zur Zeit noch völlig offen.

— Die heute üblichen Verwertungsverfahren für komplexe Produkte, die zumeist auf dem Einsatz von Shredder- und Sortieranlagen beruhen, hinterlassen 20 bis 40% Sondermüll, dessen Entsorgung aufgrund knapper Kapazitäten langfristig nicht gesichert und mit exponentiellen Preiserhöhungen verbunden ist. In Deutschland kostete die Entsorgung einer Tonne Sonderabfall 1992 bereits bis zu 5.000 DM mit einer erwarteten Kostensteigerung zwischen 500% und 1000% in den nächsten Jahren.

— Auch beim Metallrecycling können aufgrund der Verunreinigung mit chlorhaltigen Stoffen Dioxin- und Furanemissionen auftreten.

– Die zahlreichen Zusätze zur Erhöhung der Haltbarkeit oder Herstellung besonderer Eigenschaften von Kunststoffen (Erhöhung der Hitzebeständigkeit, Elastizität usw.), die verschiedenen Oberflächenbehandlungen von Produkten etwa mit Chrom und Zink oder bromhaltige Zusätze zur Reduzierung der Entflammbarkeit, setzen nicht nur bei der Altprodukt-Verbrennung diverse Schadstoffe frei, sondern erschweren auch in besonderer Weise die stoffliche Verwertung und sogar die Reststoffverwertung als Baumaterial.

So stoßen die technologischen Probleme vor allem an wirtschaftliche und politische Grenzen: Vielfach läßt sich ein Recycling von Produkten im Hinblick auf die stoffliche Verwertung wirtschaftlich nicht darstellen. Dazu sind die Preise für Primärrohstoffe viel zu niedrig. Seit Jahren herrscht auf dem Weltmarkt ein Überangebot an Primärrohstoffen. Eine schrittweise Anhebung der Rohstoff- und Energiepreise etwa durch eine kombinierte Ressourcenschutz- und Umweltbelastungssteuer konnte bisher weder national noch international politisch durchgesetzt werden. Es gibt aber auch zahlreiche Absatzprobleme für Rezyklate, weil noch immer die Meinung vorherrscht, es handle sich um Wertstoffe geringerer Güte. Das ist jedoch bei den Anforderungen, die an die Rezyklate gestellt werden, nicht der Fall.

Trotzdem muß davon ausgegangen werden, daß ohne Änderungen der politischen und wirtschaftlichen Rahmenbedingungen - also etwa einer spürbaren Erhöhung der Rohstoffpreise und einer generellen gesetzlichen Rücknahmeverpflichtung der Produzenten für Altprodukte - die Recyclingwirtschaft kaum weitere Fortschritte erzielen kann. Im Gegenteil, die Veränderungen im Bereich neuer Werkstoffe und die Fortentwicklung von Produkten mit komplexen Funktionseinheiten und Gebrauchseigenschaften werden sich schneller vollziehen als Rückhollogistiken, Sortierverfahren und Recyclingtechniken. Aus diesem Dilemma werden nur mutige Entscheidungen zur Förderung ökologisch gestalteter Produkte und Produktionsverfahren herausführen. Weitere Schubkraft wird dieser Prozeß durch die knappen Deponieflächen, die geringe Akzeptanz von Müllverbrennungsanlagen und Deponien und das allgemein gestiegene Umweltbewußtsein in der Bevölkerung sowie durch die sprunghaft steigenden Entsorgungskosten erlangen.

2 Rechtliche Grundlagen

2.1 Entwicklung der Abfallgesetzgebung

Das gestiegene Abfallaufkommen und dessen sich rapide verändernde Zusammensetzung aufgrund der Werkstofffortschritte in der chemischen Industrie sowie der komplexer und vielfältiger werdenden Produktpalette von Haushalts- und Industriegütern, führte in der ersten Hälfte der 60er Jahre erstmals zu ernsthaften Problemen im Umgang mit Abfall. Die Bundesregierung legte deshalb auf Ersuchen von Bundestagsabgeordneten 1963 einen ersten Bericht zum Problem der Abfallbeseitigung vor (BT-Drucksache IV/945). 1966 folgte ein zweiter Bericht (BT-Drucksache V/248). Die zentralen Aussagen dieser Berichte beziehen sich auf die technische und organisatorische Beseitigung von Abfall. Hieraus entwickelte sich die Strategie der "Abfallbeseitigung" mit Vorschlägen für rechtliche Regelungen mit dem Hauptakzent einer *ordnungsgemäßen Beseitigung anfallender Abfälle*. Erst im Jahre 1972 wurde das erste bundesweit geltende *Abfallbeseitigungsgesetz* verabschiedet. Bis dahin war die Abfallentsorgung vorwiegend nach Kommunalrecht geregelt. Das Abfallbeseitigungsgesetz verpflichtete zum Beseitigen der Abfälle zwecks "Wahrung des Wohles der Allgemeinheit". Die Begründungen lagen weder im Bereich der Ressourcenschonung noch des Umweltschutzes und der Wertstofferhaltung, sondern vielmehr in der Verhinderung hygienischer Gefahren, von Staub- und Geruchsbelästigungen, Brandgefahren und ästhetischen Aspekten.

Mit dem Abfallbeseitigungsgesetz wurde zwar erstmals die kontrollierte Sammlung und Deponierung der festen Abfälle einheitlich organisiert, der Abfallmengenzuwachs aber kaum beeinflußt und das Problem steigender Schadstoffgehalte bestenfalls transparenter gemacht und besser kanalisiert.

Vor allem als Folge der Ölpreiskrise 1973 erhielten die früher schon entwickelten Grundgedanken der Ressourcenschonung und der Nutzbarmachung wertvoller Rohstoffe aus Altprodukten und Produktionsabfällen einen starken Impuls. Hauptsächlich mit dem Ziel, nicht erneuerbare Rohstoffe zu schonen und durch "Sekundärrohstoffe" die Rohstoffimportabhängigkeit zu mindern, wurde das *Abfallwirtschaftsprogramm von 1975* (BT-Drucksache 7/4826) formuliert.

Das 1974 verabschiedete *Bundes-Immissionsschutzgesetz* (BImSchG) hat erstmals rechtsverbindlich den Umweltschutz als Leitziel hervorgehoben und mit § 15 Abs. 1 Nr. 3 bestimmt, daß in "genehmigungsbedürftigen Anlagen", also solchen, die schädliche Umwelteinwirkungen hervorrufen, die beim Betrieb entstehenden Reststoffe vermindert oder ordnungsgemäß und schadlos verwertet oder - wenn das nicht geht - ordnungsgemäß (schadlos) beseitigt werden müssen.

Das Abfallbeseitigungsgesetz wurde 1986 durch das *"Gesetz über die Vermeidung und Entsorgung von Abfällen"* (*Abfallgesetz - AbfG*) ersetzt. Erst in dieser novellierten Fassung erhielt die bereits im Abfallwirtschaftsprogramm von 1975 festgelegte Prioritätenfolge Abfallvermeidung vor Abfallverwertung vor Abfallbeseitigung ihre gesetzliche Fixierung. Der Bundesregierung wurde mit dem § 14 ein umfangreiches Instrumentarium in die Hand gegeben, mittels Rechtsverordnungen diese Forderungen im Hinblick auf Produktgestaltung und Produktbehandlung in die Praxis umzusetzen.

2.2 Kreislaufwirtschafts- und Abfallgesetz

Die bisher relativ schwache staatliche Operationalisierung von Vermeidungs- und Verwertungspflichten der Hersteller von Produkten im Hinblick auf Mengen und Schadstoffrisiken bei Produktabfällen bzw. Altprodukten liegt ganz offensichtlich daran, daß hier Kernbereiche der wirtschaftlichen Entwicklung und des Strukturwandels, vor allem von Produktinnovationen und des Wettbewerbs von Unternehmen, berührt werden. Auch hierzu hat sich der Rat von Sachverständigen geäußert [8]:

> Das geltende Recht bietet für eine "flächendeckende" Einfügung einer abfallwirtschaftlichen Perspektive bereits in die Produktinnovation bisher nur wenig Ansatzpunkte. Abgesehen von den abfallwirtschaftlich wenig bedeutsamen Regelungen des Chemikalienrechts bedarf es praktisch stets eines nicht unerheblichen Problemdrucks, um staatliche Einwirkungen auf den Hersteller zu legitimieren. Nach Auffassung des Rates sollten im Rahmen einer langfristigen abfallwirtschaftlichen Strategie auch Überlegungen angestellt werden, wie die abfallwirtschaftliche Perspektive bereits in die Produktinnovation einbezogen werden kann. Dabei bietet sich eine Zusammenführung des abfallrechtlichen und chemikalienrechtlichen Instrumentariums zur Regelung von Produkten an.

Die "Zielsetzung" des 1994 abermals novellierten Abfallgesetzes nimmt erstmals die Forderungen nach einer einheitlichen gesetzlichen Grundlage zur Abfallvermeidung und abfallarmen Kreislaufwirtschaft auf und stellt die Entwicklung verwertungsfreundlicher Produkte und abfallarmer Produktionsverfahren in den Mittelpunkt der Abfallwirtschaft:

Die Abfallwirtschaft ist zu einem zentralen Handlungsfeld der Umweltpolitik geworden und an einem entscheidenden Punkt angekommen. Dem Abfallaufkommen steht eine weder quantitativ noch qualitativ ausreichende Entsorgungskapazität gegenüber. Um einen Entsorgungsnotstand in naher Zukunft zu verhindern, müssen schon Rückstände möglichst weitgehend im Wirtschaftskreislauf gehalten und damit Abfälle mehr als bisher vermieden werden. Ökonomische und ökologische Gründe gebieten, den Anfall von Abfall drastisch zu verringern. An diesen Zielen hat sich die staatliche Abfallpolitik auszurichten, um natürliche Ressourcen zu schonen und die Umwelt zu schützen.

Daher müssen Rahmenbedingungen geschaffen werden, die die Lösung in einer sozialen und ökologischen Marktwirtschaft gewährleisten. Dies bedingt Anforderungen schon im Vorfeld der Abfallentstehung.

Diesen Herausforderungen stellt sich die Abfallwirtschaftspolitik der Bundesregierung mit folgenden vier Schwerpunkten:

- Die Verantwortung für die Herstellung oder den Vertrieb von Produkten muß auch auf deren Verwertungs- und umweltfreundliche Entsorgungsmöglichkeiten ausgedehnt werden. Um abfallpolitisch unerwünschte Entwicklungen zu verhindern, muß der Gesetzgeber möglichst "an der Quelle" ansetzen.
- Abfallvermeidung muß daher zum Schutz der Umwelt absoluten Vorrang erhalten. Die Vermeidungspflichten sind nach dem Verursacherprinzip im Herrschaftsbereich derjenigen zu begründen, die über abfallarme Produktionsverfahren oder über eine Weiterverwendung der Rückstände entscheiden können.
- Die Verwertung von Sekundärrohstoffen muß gegenüber der Abfallentsorgung gesetzlichen Vorrang haben, damit nichts zu Abfall wird, was noch als Sekundärrohstoff verwertet werden kann.
- Nicht vermiedene Rückstände, die auch nicht als Sekundärrohstoffe verwertet werden können, sind im Inland als Abfall so zu entsorgen, daß von ihnen weder jetzt noch später schädliche Umwelteinwirkungen ausgehen. [10]

Durch die verstärkte Betonung der Vermeidung von Abfall und der Rücknahmeverpflichtung für Altprodukte durch die Produzenten soll dem Vorsorge- und Verursacherprinzip stärker als bisher Geltung verschafft werden. Hierzu wird in dem Gesetz die Möglichkeit geschaffen, gegebenenfalls auch mittels Ge- und Verboten direkt in die Produktgestaltung einzugreifen. Der Schwerpunkt soll aber in der Stärkung der Eigenverantwortlichkeit der Produzenten liegen. Auf eine generelle Rücknahmeverpflichtung für alle Produkte wird allerdings verzichtet, so daß wie bisher für jede einzelne Produktgruppe spezielle Verordnungen verabschiedet werden müssen. Die Schließung der Stoffkreisläufe soll vor allem dadurch erreicht werden, daß bereits bei der Produktgestaltung "vom Abfall her" konstruiert wird. Die Produktverantwortung der Hersteller wird also auf die Verwertung und Entsorgung ausgedehnt. In § 22 KrW-/AbfG werden die Produzenten explizit aufgefordert, mehrfach verwendbare und rückstandsarme Erzeugnisse zu entwickeln, die Langlebigkeit zu erhöhen und die Produkte zu verwerten.

Tabelle 2.1. Grundsätze der Kreislaufwirtschaft (§ 4 KrW-/AbfG)

1. Abfälle sind: In erster Linie zu vermeiden, insbesondere durch die Verminderung ihrer Menge und Schädlichkeit. In zweiter Linie a) stofflich zu verwerten oder b) zur Gewinnung von Energie zu nutzen (energetische Verwertung).
2. Maßnahmen zur Vermeidung von Abfällen sind insbesondere die anlageninterne Kreislaufführung von Stoffen, die abfallarme Produktgestaltung sowie ein auf den Erwerb abfall- und schadstoffarmer Produkte gerichtetes Konsumverhalten.
3. Die stoffliche Verwertung beinhaltet die Substitution von Rohstoffen durch das Gewinnen von Stoffen aus Abfällen (sekundäre Rohstoffe) oder die Nutzung der stofflichen Eigenschaften der Abfälle für den ursprünglichen Zweck oder für andere Zwecke mit Ausnahme der unmittelbaren Energierückgewinnung. Eine stoffliche Verwertung liegt vor, wenn nach einer wirtschaftlichen Betrachtungsweise, unter Berücksichtigung der im einzelnen Abfall bestehenden Verunreinigungen, der Hauptzweck der Maßnahme in der Nutzung des Abfalls und nicht in der Beseitigung des Schadstoffpotentials liegt.
4. Die energetische Verwertung beinhaltet den Einsatz von Abfällen als Ersatzbrennstoff; vom Vorrang der energetischen Verwertung unberührt bleibt die thermische Behandlung von Abfällen zur Beseitigung, insbesondere von Hausmüll. Für die Abgrenzung ist auf den Hauptzweck der Maßnahme abzustellen. Ausgehend vom einzelnen Abfall, ohne Vermischung mit anderen Stoffen, bestimmen Art und Ausmaß seiner Verunreingungen sowie die durch seine Behandlung anfallenden weiteren Abfälle und entstehenden Emissionen, ob der Hauptzweck auf die Verwertung oder die Behandlung gerichtet ist.
5. Die Kreislaufwirtschaft umfaßt auch das Bereitstellen, Überlassen, Sammeln, Einsammeln durch Hol- und Bringsysteme, Befördern, Lagern und Behandeln von Abfällen zur Verwertung.

Das Artikelgesetz vom 27.9.1994 trägt nicht mehr den ursprünglich geplanten Titel "Kreislaufwirtschaftsgesetz" (bzw. "Stoffflußgesetz"), sondern *"Gesetz zur Vermeidung, Verwertung und Beseitigung von Abfällen.* Erst der Artikel 1 (der die Entsorgung im engeren regelt) trägt die Überschrift "Gesetz zur Förderung der Kreislaufwirtschaft und Sicherung der umweltverträglichen Beseitigung von Abfällen" (*Kreislaufwirtschafts- und Abfallgesetz - -KrW-/AbfG*). Auch wenn das

Gesetz, mit Ausnahme der Ermächtigungen für Rechtsverordnungen, erst am 28.9.1996 in Kraft tritt, müssen sich die Unternehmen schon heute auf die folgenden zentralen Änderungen des Abfallrechts einrichten:

- Der *Abfallbegriff* wurde neu definiert: Abfälle sind nunmehr alle beweglichen Sachen, die unter die im Anhang I des Gesetzes aufgeführten Gruppen fallen und deren sich der Besitzer *entledigt* (neu), *entledigen will* (alt) oder *entledigen muß* (neu) (§ 3 Abs. 1 -KrW-/AbfG). Diese Begriffe werden erstmals wie folgt definiert: Eine *Entledigung* liegt dann vor, wenn der Besitzer die Abfälle der Verwertung oder Beseitigung zuführt oder die tatsächliche Sachherrschaft unter Wegfall jeder weiteren Zweckbestimmung aufgibt (§ 3 Abs. 2 -KrW-/AbfG). Der *Wille zur Entledigung* ist anzunehmen, wenn im Produktionsprozeß Kuppelprodukte entstehen, die nicht beabsichtigt sind oder wenn die ursprüngliche Zweckbestimmung der beweglichen Sache entfällt oder aufgegeben wird, ohne daß ein neuer Verwendungszweck unmittelbar an deren Stelle tritt (§ 3 Abs. 3 -KrW-/AbfG). Der Besitzer *muß sich der Sachen entledigen*, wenn die Produkte nicht mehr gemäß ihrer Zweckbestimmung verwendet werden und gegenwärtig oder zukünftig das Wohl der Allgemeinheit gefährden (§ 3 Abs. 4 -KrW-/AbfG).
- Die *Abfallentsorgung* umfaßt nach wie vor die Verwertung und Beseitigung[1]: Neu ist aber die deutliche Unterscheidung in *Abfälle zur Verwertung* und *Abfälle zur Beseitigung*, für die auch unterschiedliche Überwachungsbestimmungen gelten.
- Die *Zielhierarchie* Vermeidung vor Verwertung vor Beseitigung wurde verdeutlicht. So sind künftig Abfälle (hinsichtlich ihrer Menge und Schädlichkeit) in *erster Linie* zu *vermeiden*[2] und *erst in zweiter Linie stofflich*[3] oder zur

---

[1]   Der Begriff Beseitigung wird als etwas unglücklich angesehen, da sich Abfälle bekanntlich nicht beseitigen lassen, sondern bestenfalls vorbehandelt und endgelagert werden können.

[2]   Als Maßnahmen zur Vermeidung werden insbesondere anlageninterne Kreislaufführungen von Stoffen, die abfallarme Produktgestaltung sowie ein auf abfall- und schadstoffarme Produkte gerichtetes Konsumentenverhalten genannt.

[3]   Als stoffliche Verwertung wird die Gewinnung von Sekundärrohstoffen (werkstoffliche Verwertung) oder die Nutzung der stofflichen Eigenschaften der Abfälle für den ursprünglichen oder für andere Zwecke (gemeint ist hauptsächlich die sog. rohstoffliche Verwertung), mit Ausnahme der unmittelbaren Energierückgewinnung, definiert. Hierbei muß der Hauptzweck des Umwandlungsprozesses in der Nutzung der Abfallstoffe und nicht in der Beseitigung des Schadstoffpotentials liegen (§ 4 Abs. 3 -KrW-/AbfG).

Gewinnung von Energie[4] zu *verwerten* (§ 4 Abs. 1 -KrW-/AbfG). Vorrang hat hierbei die umweltverträglichere Verwertungsart (§ 6 Abs. 1 -KrW-/AbfG)[5].

— Dem eindeutigen *Vorrang* der *Verwertung* von Abfällen vor deren *Beseitigung* wird durch die Einführung einer Verwertungspflicht für Abfallbesitzer Nachdruck verliehen (§ 5 Abs. 2 -KrW-/AbfG). Diese Pflicht zur Verwertung ist einzuhalten, soweit dies *technisch möglich* und *wirtschaftlich zumutbar*[6] ist, insbesondere wenn für einen gewonnenen Stoff oder die gewonnene Energie ein Markt vorhanden ist oder geschaffen werden kann (§ 5 Abs. 5 -KrW-/AbfG)[7]. Sie entfällt nur dann, wenn die Beseitigung der Abfälle die umweltverträglichere Lösung darstellt (§ 5Abs. 5 -KrW-/AbfG).
Sofern Abfälle nicht verwertet werden können, müssen sie im Inland beseitigt werden (§ 10 Abs. 3 -KrW-/AbfG). Hierbei können die Abfallbesitzer private Dritte mit der Verwertungs- und Beseitigungspflicht beauftragen (§ 16 -KrW-/AbfG).

— Um diese Zielhierarchie umsetzen zu können, hat der Gesetzgeber die Hersteller in die Produktverantwortung genommen. "Wer Erzeugnisse entwickelt, herstellt, be- und verarbeitet oder vertreibt trägt zur Erfüllung der Ziele der Kreislaufwirtschaft die Produktverantwortung. Zur Erfüllung der Produktverantwortung sind Erzeugnisse möglichst so zu gestalten, daß bei deren Herstellung und Gebrauch das Entstehen von Abfällen vermindert wird und die umweltverträgliche Verwertung und Beseitigung der nach deren Gebrauch entstandenen Abfälle sichergestellt ist" (§ 22 Abs. 1 -KrW-/AbfG). Hierunter versteht der Gesetzgeber u. a. die Entwicklung und Herstellung von Erzeug-

---

[4]   Die energetische Verwertung wird als "Einsatz von Abfällen als Ersatzbrennstoff" definiert (4 Abs. 4 -KrW-/AbfG). Hierbei ist eine energetische Verwertung nur zulässig, wenn der Heizwert des einzelnen Abfalls, ohne Vermischung mit anderen Stoffen, mindestens 11.000 kJ/kg beträgt (etwas höher als der Heizwert von Braunkohle), ein Feuerungswirkungsgrad von mindestens 75% erzielt wird, die entstehende Wärme selbst genutzt oder an Dritte abgegeben wird und übrigbleibende Abfälle möglichst ohne weitere Behandlung abgelagert werden können (§ 6 Abs. 2 -KrW-/AbfG). Hiermit wurde die ursprünglich geplante Priorität der stofflichen vor der sog. thermischen Verwertung zugunsten eines schwer zu überprüfenden Kompromisses aufgegeben.

[5]   Wenn diese Formulierung keine Leerformel bleiben soll, wird sie in einer Verordnung oder in Ausführungsbestimmungen zu präzisieren sein.

[6]   Die wirtschaftliche Zumutbarkeit wird als gegeben angenommen, wenn die mit der Verwertung verbundenen Kosten nicht außer Verhältnis zu den Kosten stehen, die für eine Abfallbeseitigung zu tragen wären (§ 5 Abs. 4 -KrW-/AbfG).

[7]   Auch diese Formel scheint dringend präzisierungsbedürftig, da die Frage, ob ein Markt geschaffen werden kann, von den Preisen und sonstigen Rahmenbedingungen abhängt.

nissen, die mehrfach verwertbar und langlebig sind, den vorrangigen Einsatz von verwertbaren Abfällen oder Sekundärrohstoffen, die Kennzeichnung schadstoffhaltiger Erzeugnisse und Hinweise auf Rückgabe-, Wiederverwendungs- und Verwertungsmöglichkeiten oder -pflichten sowie die Rücknahme und Verwertung der Erzeugnisse (§ 22 Abs. 2 -KrW-/AbfG).[8]
Das Instrumentarium zur Durchsetzung dieser Ziele wurde insbesondere durch die Einführung einer obligatorischen Bilanzierungs- und Konzeptionspflicht erweitert. So sind bestimmte Abfallerzeuger (ab einem Anfall von 0,2 Mg/a besonders überwachungsbedürftigen Abfalls, oder 2.000 Mg/a je Abfallschlüssel) verpflichtet, erstmalig zum 1. April 1998 jährlich eine Abfallbilanz für das abgelaufene Jahr (§ 20 Abs. 1 -KrW-/AbfG) und alle fünf Jahre, erstmalig bis zum 31. Dezember 1999, ein Abfallwirtschaftskonzept[9] zu erstellen (§ 19 -KrW-/AbfG).
Die Ermächtigung zur Erlassung von Rechtsverordnungen, in der Produkte oder Stoffe verboten werden, sowie Kennzeichnungsrückgabe- und Pfandpflichten eingeführt werden können (analog der Ermächtigungen nach § 14 AbfG von 1986) wurde bestätigt und etwas deutlicher verfaßt (vgl. §§ 23 und 24 -KrW-/AbfG).

Als Ende der 80er Jahre die Diskussion über die 5. Novelle des AbfG begann, sollte das Gesetz einen ersten Einstieg in eine neue Phase der Umweltschutzpolitik bewirken. Durch die verstärkte Betonung der Vermeidung und vor allem einer konsequenten Rücknahmeverpflichtung der Produkte sollte dem Vorsorge- und Verursacherprinzip stärker als bisher Geltung verschafft werden. Die Schließung der Stoffkreisläufe sollte dahingehend erreicht werden, daß bereits bei der Produktion "vom Abfall her" konstruiert werden sollte und Rückstände (dieser Begriff sollte den Abfallbegriff weitestgehend ersetzen) mittels Verwertung im Wirtschaftskreislauf gehalten werden. Während des Gesetzgebungsverfahrens wurden aber viele der ursprünglich geplanten Instrumente und Maßnahmen verwässert oder fallengelassen. So wurde der Vorrang der stofflichen Verwertung vor der sogenannten thermischen Verwertung aufgegeben. Ebenfalls fallengelassen wurde die geplante Abfallabgabe und die generelle Verpflichtung zur Aufstellung von Abfallwirtschaftsplänen, die nunmehr nur noch für Betreiber großer Anlagen gilt.

---

[8]   Diese Aussagen stellen wichtige Zielfestlegungen des Gesetzgebers dar, die allerdings noch in materielles Recht umgesetzt werden müssen, um eine Wirkung zu erlangen.

[9]   Die Abfallwirtschaftskonzepte haben Angaben zu enthalten über: Art, Menge und Verbleib der Abfälle; die Maßnahmen zur Vermeidung, Verwertung und Beseitigung; eine Begründung für die Notwendigkeit der Abfallbeseitigung; die geplanten Entsorgungswege innerhalb der nächsten fünf Jahre; eine gesonderte Darstellung des Verbleibs von Abfällen wenn sie im Ausland verwertet werden (eine Beseitigung im Ausland ist verboten).

2.3 Elektronikschrott-Verordnung

Auf der Grundlage von § 14 AbfG wurde am 11.07.1991 der Entwurf einer "Verordnung über die Vermeidung, Verringerung und Verwertung von Abfällen gebrauchter elektrischer und elektronischer Geräte (Elektronikschrott-Verordnung)" von der Bundesregierung vorgelegt. Im Oktober 1991 fand die ebenfalls im AbfG vorgeschriebene Anhörung der betroffenen Kreise statt. Die dort vorgebrachten Hinweise und Kritiken fanden ihren Niederschlag in der überarbeiteten Fassung vom 15. Oktober 1992.

Ziel und Inhalt der Verordnung sollen nachfolgend beschrieben werden.

Der erste, von insgesamt drei Abschnitten mit der Bezeichnung "Abfallwirtschaftliche Ziele, Anwendungsbereich und Begriffsbestimmungen" enthält die folgenden Ziele (§ 1):

- Verwendung von umweltverträglichen und verwertbaren Materialen bei der Herstellung von elektrischen und elektronischen Produkten,
- Reparatur- und demontagefreundliche Gestaltung von elektrischen und elektronischen Geräten,
- Einrichtung von leicht erreichbaren Sammelsystemen mit einer hohen Rücklaufquote,
- Erneute Verwendung oder Verwertung der zurückgenommenen Geräte,
- Sachgemäße Abfallentsorgung für nicht verwertbare zurückgenommene Geräte oder Geräteteile.

Den Vorschriften der Verordnung unterliegen Hersteller, Importeure und Vertreiber von Geräten. Für Hersteller im Ausland treten die Vertreiber in die Verpflichtung, die die Geräte im Geltungsbereich in den Verkehr bringen. Auch der Versandhandel ist in die Vorschriften mit einbezogen (§ 2).

§ 3 definiert den Begriff der elektrischen und elektronischen Geräte. Der in der zweiten Fassung vorgelegte Katalog ist erheblich detaillierter als in der ersten Fassung. Demnach fallen unter die Begriffsbestimmung:

- Geräte der individuellen Büro-, Informations- und Kommunikationstechnik wie Arbeitsplatzcomputer, Arbeitsplatzdrucker, Arbeitsplatzkopiergeräte, Telefaxgeräte, Telefongeräte,
- Fernsehgeräte mit einer Bildschirmdiagonale von mehr als 30 cm,
- Hausgeräte wie Kälte- und Klimageräte, Herde, Geschirrspüler, Waschmaschinen, Wäschetrockner,
- Entladungslampen,
- Geräte der Unterhaltungselektronik, wie Fernseher mit einer Bildschirmdiagonalen von weniger als 30 cm, Radiogeräte, Tuner, Verstärker, Plattenspieler, CD-Player, Lautsprecher, auch als Gerätekombination, Geräte der Bild- und Tonaufzeichnung und -wiedergabe,
- Haushaltsgeräte wie Kaffeemaschinen, Schneid- und Rührgeräte, Mikrowellen, Staubsauger, Elektrowerkzeuge, Elektrorasierer,

- Kleingeräte der Büro-, Informations- und Kommunikationstechnik wie Tisch- und Taschenrechner,
- Uhren,
- Geräte der Labor- und Medizintechnik im gewerblichen oder industriellen Bereich sowie in öffentlichen Einrichtungen,
- Geräte für den Geldverkehr im gewerblichen oder industriellen Bereich sowie in öffentlichen Einrichtungen,
- Geräte der Meß-, Steuerungs- und Regelungstechnik im gewerblichen oder industriellen Bereich sowie in öffentlichen Einrichtungen,
- Geräte der Bild- und Tonaufzeichnung und Wiedergabe im gewerblichen oder industriellen Bereich sowie in öffentlichen Einrichtungen,
- Großgeräte der Büro-, Informations- und Kommunikationstechnik wie Vermittlungseinrichtungen, Geräte der Datenverarbeitung im gewerblichen oder industriellen Bereich sowie in öffentlichen Einrichtungen,
- Hausgeräte wie Kälte- und Klimageräte, Herde, Geschirrspüler, Waschmaschinen, Wäschetrockner im gewerblichen oder industriellen Bereich sowie in öffentlichen Einrichtungen.

Weiterhin erstreckt sich die Verordnung auf Baugruppen wie Gehäuse, Bildschirme, Tastaturen oder Platinen, auch wenn sie keine elektrischen oder elektronischen Bauteile enthalten.

Der zweite Abschnitt konkretisiert die „Rücknahme und Verwertungspflichten". Danach ist der Vertreiber verpflichtet, vom Endverbraucher gebrauchte Geräte oder Geräteteile kostenlos zurückzunehmen (§ 4 Abs.1). In Absatz 2 werden die näheren Bedingungen der Rücknahme erläutert. So kann für Geräte, die vor Inkrafttreten der Verordnung verkauft bzw. von außerhalb des Geltungsbereiches des Abfallgesetzes erworben und importiert worden sind, ein Entgelt erhoben werden, das die üblichen Kosten für Erfassung, Entsorgung und Verwertung nicht überschreiten darf.

Händler können die Rücknahme von Geräten ablehnen, sofern sie die Marken nicht im Sortiment führen. Die Anzahl der zurückzunehmenden Geräte kann sich auf die übliche Zahl im Rahmen von Neubeschaffungen oder der Auflösung von Haushalten beschränken, auch eine Beschränkung auf Geräte, deren Funktionen dem Verkaufssortiment entsprechen, ist vorgesehen. Händler mit einer Verkaufsfläche von weniger als 100 m^2 brauchen nur so viele Geräte zurückzunehmen, wie gerade verkauft worden sind, ausgenommen sind hier Geräte, die in der betroffenen Verkaufsstelle oder Filiale verkauft worden sind.

Um die Geräte einer entsprechenden Verwertung zuzuführen, die die Händler in der Regel nicht leisten können, sind auch die Hersteller der Geräte zu einer kostenlosen Rücknahme verpflichtet (§ 5). Analog zu § 4 sind hier die Regelungen für ein eventuelles Entgelt. Um zu verhindern, daß ein Hersteller die Geräte der Konkurrenz mitverwerten muß, besteht auch hier eine Möglichkeit zur Beschränkung der Rücknahme auf Geräte bestimmter Marken oder Funktionsweisen.

§ 6 legt den Rückgabeort von gebrauchten Geräten fest. Bei Neukauf erfolgt die Rückgabe im Geschäft bzw. in der Wohnung im Fall einer Lieferung. Erfolgt die Rücknahme nicht in Zusammenhang mit einem Neukauf, ist der Ort der Rücknahme jede Verkaufsstelle des zur Rücknahme verpflichteten Vertreibers. Die Hersteller müssen die Geräte dort zurücknehmen, wo sie dem Händler Neugeräte übergeben.

§ 7 verpflichtet die Vertreiber und Hersteller, die zurückgenommenen Geräte und Geräteteile einer Verwertung zuzuführen, allerdings ohne explizite Verwertungsquoten wie z. B. für das duale System zu nennen. Für nicht stofflich verwertbare Geräte und Geräteteile wird eine ordnungsgemäße Entsorgung als Abfall vorgeschrieben. Der Verbleib des entsorgten Abfalls muß der zuständigen Behörde mittels eines Formblatts nachgewiesen werden.

Eine Befreiung von den §§ 4 bis 6 der Rücknahmeverpflichtung ist für Hersteller möglich, die sich eines eigenständigen Rücknahmesystems bedienen. Dafür muß gewährleistet sein, daß die Endverbraucher ihre Altgeräte regelmäßig und in der Nähe der Verkaufsstellen abgeben können. Die Einrichtung und Gewährleistung der Entsorgung sind in diesem Fall den zuständigen Körperschaften nachzuweisen (§ 8).

Für die Rücknahme von Geräten aus dem industriellen und gewerblichen Bereich sowie aus öffentlichen Einrichtungen können die Vertragsmodalitäten frei gestaltet werden.

Sind Hersteller und Vertreiber nicht in der Lage oder Willens den in der Verordnung beschriebenen Pflichten nachzukommen, können sie sich auf Grundlage von § 10 dazu Dritter bedienen. Die Erfüllung der Anforderungen der Verordnung und des Abfallgesetzes bei der Verwertung durch Dritte, sind durch Gutachten zu belegen.

Der dritte und letzte Abschnitt regelt die Ordnungswidrigkeiten und das Inkrafttreten der Verordnung. Die Bußgeldtatbestände und die Höhe des festzusetzenden Bußgeldes sind entgegen dem ersten Entwurf der Verordnung noch nicht ausformuliert.

Aufgrund der weiter anhaltenden heftigen Diskussionen zwischen Gesetzgeber, Umweltverbänden, Handel und Industrie wurde im Januar 1994 vom Bundesministerium für Umwelt, Naturschutz und Reaktorsicherheit (BMU) der mittlerweile dritte Entwurf in Form eines Arbeitspapiers vorgelegt.

Hauptdiskussionspunkt ist die Verteilung der durch die Verwertung entstehenden Kosten. Der ZVEI hat ein eigenes Konzept zur Elektronikschrottverwertung vorgelegt, in dem die Forderung nach kostenloser Rücknahme von Elektronikschrott durch den Handel und die Hersteller strikt abgelehnt wird. Nach Ansicht des Fachverbandes hat der Konsument für alle Verwertungskosten zum Zeitpunkt der Entsorgung aufzukommen. Das soll sowohl für schon im Gebrauch befindliche Geräte, als auch für Geräte die nach dem Zeitpunkt der Verabschiedung der Verordnung in den Verkehr gebracht worden sind, gelten. Im derzeitigen Entwurf der Verordnung ist allerdings nur ein Entgelt vom Letztbesitzer für die Rücknahme eines Altgerätes geplant, das entweder vor dem Verabschiedungszeitpunkt erworben oder importiert wurde. Die ursprünglichen Vorstellungen des BMU sahen eine kostenlose Abnahme durch den Handel vor, um einer ungeordneten Entsorgung z. B. durch das wilde Abkippen in Wäldern vorzubeugen. Verbraucher- und Umweltverbände favorisierten sogar die Einführung einer Ablieferprämie für Elektronikschrott, um praktizierten Umweltschutz für die Verbraucher auch finanziell attraktiv zu gestalten. Prinzipiell bleibt bei dem jetzigen Entwurf das Problem bestehen, daß die Höhe der durch die Verwertung und Entsorgung von Elektronikschrott entstehenden Kosten bereits zum Zeitpunkt der Verabschiedung der Elektronikschrott-Verordnung von den Herstellern kalkuliert werden muß, obwohl die tatsächlichen. Kosten unter Umständen aber erst 10 bis 20 Jahre später anfallen können.

Auch das Problem der Importgeräte ist noch nicht zufriedenstellend gelöst. Zwar sieht der Entwurf vor, die Importeure für die Entsorgungskosten aufkommen zu lassen, aber auch hier stellt sich das Problem der langen Zeitspanne zwischen Verkaufs- und Entsorgungszeitpunkt. Zeit genug für ausländische Versandfirmen, sich durch Namens- oder Etikettenwechsel der Verantwortung und damit den Kosten zu entziehen. Ob sich die Hoffnung des BMU erfüllt, ausländische Produzenten mit Hilfe der Verordnung zu einer recyclingfreundlichen Gestaltung ihrer Produkte zu veranlassen, ist fraglich. Andere Druckmittel wie Verbote oder importbeschränkende technische Normen sind durch die EU-Gesetzgebung nicht zulässig. So bezweifelt auch der ZVEI in seinem Konzeptvorschlag, daß die Verordnung geeignet ist, sich in europäische Lösungsansätze einbinden zu lassen. Daraufhin wurde auf europäischer Ebene auf Anregung des BMU eine Arbeitsgruppe „Priority-Waste-Streams" eingerichtet, die eine Empfehlung zur Vermeidung, Verwertung und Entsorgung elektrischer und elektronischer Geräte den Mitgliedsstaaten vorlegen will. Bislang ist noch offen, wann die die Elektronikschrott-Verordnung verabschiedet wird.

2.4 Sonstige relevante Rechtsgrundlagen

2.4.1 TA Sonderabfall

Der gemäß § 4 Abs. 5 des Abfallgesetzes im März 1991 erlassene Teil 1 der zweiten allgemeinen Verwaltungsvorschrift zum Abfallgesetz (TA Abfall) verfolgt das Ziel einer Anpassung des Entsorgungsstandards an den Stand der Technik. Insbesondere werden Anforderungen an die Verwertung und sonstige Entsorgung von besonders überwachungsbedürftigen Abfällen aufgestellt. Dabei wird darauf hingewiesen, daß die Abfallvermeidung nicht Gegenstand der TA Abfall ist, die Verwertung aber Vorrang vor der Entsorgung hat (Punkt 4.1), sofern sie technisch möglich ist, die dabei entstehenden Mehrkosten zumutbar sind und ein Markt für die gewonnenen Stoffe oder Energie vorhanden ist. Die wesentlichen Inhalte der umgangssprachlich „TA Sonderabfall" bezeichneten Anleitung sind:

– Zulassung und Zuordnung von Abfallentsorgungsverfahren,
– Zuordnung von Abfällen zu geeigneten Entsorgungsverfahren und -anlagen im Zusammenspiel mit der Abfall- und Reststoffüberwachungs-Verordnung,
– Aufstellen von Abfallentsorgungsplänen, Anträgen, Genehmigungen, Änderungen und Befristungen oder Auflagen bei ortsfesten Abfallentsorgungsanlagen, Zwischenlagern, Behandlungsanlagen, oberirdischen Deponien und Untertagedeponien.

Allgemein sind Schadstoffe in den Abfällen durch thermische oder chemischphysikalische Behandlung zu zerstören oder abzutrennen, beziehungsweise zu mineralisieren und damit so zu stabilisieren, daß die bei der Ablagerung der Rückstände noch möglichen Emissionen aus ökologischer Sicht noch toleriert werden können.

Für die Entsorgung von Abfällen aus der Elektronikschrottverwertung findet sich im Anhang C der TA Abfall folgende Zuordnung zu einem entsprechenden Entsorgungsverfahren:

– PCB-haltige Abfälle
  Zuordnung: Sonderabfallverbrennung (SAV), Untertagedeponie (UTD), chemisch-physikalische Behandlung (CPB)
– Glas- und Keramikabfälle mit schädlichen Verunreinigungen (z. B. Bildröhren)
  Zuordnung: Sonderabfalldeponie (SAD), Monodeponie (MD)
– Feste Pyrolyserückstände
  Zuordnung: MD, SAD, UTD
– Shredderrückstände[10] (Leichtfraktion)
  Zuordnung: SAD, MD, SAV, evtl. Hausmülldeponie (HMD)
– Filterstäube aus Shredderanlagen
  Zuordnung: SAD, evtl. HMD

Für Anlagen, die ausschließlich oder überwiegend der Entwicklung und Erprobung neuer Verfahren dienen, findet die technische Anleitung keine Anwendung.

---

[10] Für die Verwertung und Entsorgung von Shredderrückständen befindet sich z.Z. Teil 2 der TA Abfall im Entwurf. Diese geplante TA Shredderrückstände sieht eine stoffliche Verwertung von Shredderabfällen vor, sofern die üblichen Bedingungen (technisch möglich, keine unzumutbaren Mehrkosten, Markt für gewonnene Stoffe oder Energie) und Umweltauflagen (PCB-Gehalt < 1 mg/kg) erfüllt werden.

2.4.2 TA Siedlungsabfall

Am 1. Juni 1993 ist die TA Siedlungsabfall in Kraft getreten. Ziel der Verordnung ist es, die Abfallvermeidung zu unterstützen, die stoffliche Verwertung soweit wie möglich durchzusetzen und die umweltverträgliche Behandlung und Ablagerung der nicht verwertbaren Abfälle sicherzustellen.

Grundsätzlich hat dabei die Abfallvermeidung Vorrang vor der Abfallverwertung, die Verwertung Vorrang vor der sonstigen Entsorgung. Konkret fordert die TA Siedlungsabfall verwertbare Stoffe im Hausmüll getrennt zu erfassen und einer Nutzung zuzuführen, wie z. B. die getrennte Sammlung von Bioabfall und Kompostierung. Die nicht verwertbaren Restabfälle dürfen künftig nur noch so abgelagert werden, daß auch langfristig keine negativen Auswirkungen auf die Umwelt zu befürchten sind. Dazu erfolgt eine Unterteilung in zwei unterschiedliche Deponietypen mit jeweils hohen Anforderungen an den Restgehalt an biologisch abbaubaren Bestandteilen und das Eluationsverhalten des Restmülls. Die beiden Deponietypen unterscheiden sich wie folgt:

- Deponietyp I (Mineralstoffdeponie)
    - Besonders hohe Anforderungen an den Inertisierungsgrad der abzulagernden Abfälle (organischer Restbestandteil von < 3%),
    - Geringere Anforderungen an Deponiestandort und Deponieabdichtung.
- Deponietyp II
    - Geringe Anforderungen an den Inertisierungsgrad der abzulagernden Abfälle (organische Restbestandteil < 5%),
    - deutlich höhere Anforderungen an den Deponiestandort und die Deponieabdichtung.

Aufgrund dieser Anforderungen an die Inputkriterien wird zukünftig eine Vorbehandlung der Abfälle erforderlich sein. Kritiker der Verordnung befürchten, daß damit die Abfallverbrennung als Behandlungsart für Abfälle festgeschrieben wird, da nach dem derzeitigem Stand der Technik die thermische Behandlung am geeignetsten für die Vorbehandlung erscheint. Bis 1995 soll deshalb überprüft werden, ob neben den thermischen Verfahren auch mechanisch/biologische Verfahren die Anforderungen erfüllen können.

Für die Hersteller von Konsumgütern bedeutet dies, daß immer Stoffe und Produkte aus dem klassischen Entsorgungswegen herausfallen werden und die Gestaltung der ersatzweisen höherwertigen Entsorgungs- und Verwertungswege mehr in die Verantwortung der Produzenten fällt und damit die zukünftigen Gestaltungsentscheidungen mit beeinflussen wird.

3 Entsorgungsproblematik von Fernsehgeräten

3.1 Aufkommen in Deutschland

Wie bei den Mengenangaben über Elektronikschrott allgemein, so ist auch das Zahlenmaterial über die zu entsorgenden Stückzahlen und Mengen an Alt-Fernsehgeräten mit Unsicherheiten behaftet.

Durch den Trend zum Zweitgerät in vielen Haushalten ist der Sättigungspunkt des Marktes, an dem die Menge der gekauften Geräte der der zur Entsorgung anstehenden entspricht, nur schwer abzuschätzen. Abb. 3.1 verdeutlicht diesen Trend.

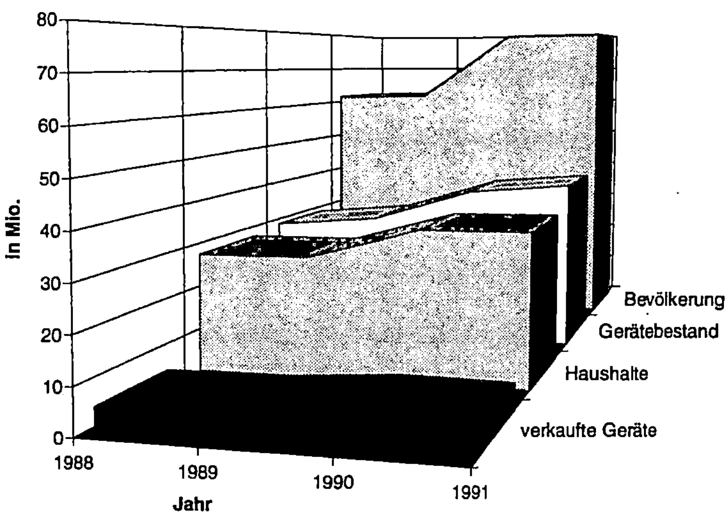

Abb. 3.1. Anzahl der verkauften Farbfernseher, des Gerätebestandes und der Haushalte in der Bundesrepublik Deutschland

Es zeigt sich, daß nahezu alle Haushalte in der Bundesrepublik Deutschland einen Farbfernseher besitzen. Diese Aussage trifft allerdings nur für die alten Bundesländer zu; Zahlen für die neuen Bundesländer liegen noch nicht vor. Hier dürfte der Ausstattungsgrad noch nicht ganz so hoch sein, sich aber aufgrund der hohen Verkaufszahlen der letzten Jahre (1990: 5,8 Millionen Stück.) schnell angleichen. Tabelle 3.1 faßt die wichtigsten Zahlen noch einmal zusammen.

Tabelle 3.1. Verkaufszahlen und Gerätebestand in der Bundesrepublik Deutschland

	1988	**1989**	**1990**	**1991**
Bevölkerung	61,5 Mio.	62,1 Mio.	79,3 Mio.	79,8 Mio.
Haushalte	27,4 Mio.	27,6 Mio.	34,6 Mio.	34,9 Mio.
verkaufte Geräte	4,0 Mio.	4,05 Mio.	5,8 Mio.	5,61 Mio.
Gerätebestand	28,7 Mio.	30,8 Mio.	38,5 Mio.	40,6 Mio.

Neben der deutlich erkennbaren Tendenz einer Mehrfachausstattung der Haushalte mit Fernsehern trägt auch die weitverbreitete Zweit- und Drittnutzung der Geräte, z. B. in Ferienhäusern und der damit verbundenen Verschiebung des Entsorgungszeitpunkts nach hinten, zu Unsicherheiten hinsichtlich des Zahlenmaterials bei. Mittels der allgemein angenommenen durchschnittlichen Lebensdauer von ca. 12 Jahren für ein Fernsehgerät, läßt sich aber aus den Verkaufszahlen der vergangenen Jahre die Anzahl der zur Entsorgung anstehenden Geräte für die kommenden Jahre mit einer gewissen Sicherheit errechnen (Abb. 3.2):

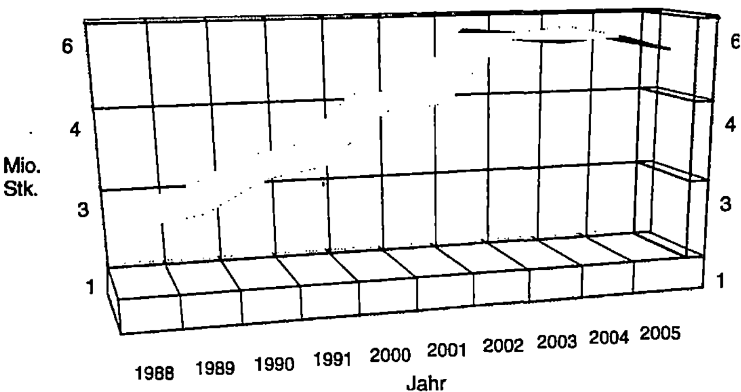

Abb. 3.2. Anzahl der zu entsorgenden Altgeräte

Hier zeigt sich, daß der eigentliche Berg an Altgeräten erst in den kommenden Jahren zur Entsorgung anfällt. Nach der jetzigen Tendenz der Verkaufszahlen wird sich etwa ab 2002 ein Niveau von rund 5 Millionen Altgeräten einpendeln. Legt man für ein durchschnittliches Fernsehgerät ein Gewicht von 35 kg zugrunde, entspricht das einer Menge von ca. 175.000 t Fernseher-Elektronikschrott pro Jahr.

3.2 Aufbau und Problemfraktionen

Fernsehgeräte zählen mit bis zu 2500 verschiedenen Bauteilen und einer darin enthaltenen Vielzahl von chemischen Substanzen mit zu den komplexesten Geräten auf dem Gebiet der Unterhaltungselektronik.

Prinzipiell kann man einen Fernseher in drei große Fraktionen unterteilen:

- Gehäuse / Rückwand
- Chassis mit der Elektronik
- Bildröhre

Die Bildröhre nimmt mit 60 - 70 Gew.-% den mengenmäßig größten Anteil in Anspruch. Rückwand und Gehäuse tragen mit ca. 25 - 30 Gew.-% zum Gesamtgewicht eines Fernsehgerätes bei und rund 10 - 15 Gew.-% macht die Elektronik mit Trägerchassis aus. Diese drei Fraktionen stellen völlig verschiedene Anforderungen an eine umweltgerechte Entsorgung.

3.2.1 Gehäuse/Rückwand

Nach IEC 65/DIN. VDE 0860/5.89 müssen Rückwände und Gehäuseteile mit Lüftungsschlitzen mit einem Flammschutz ausgestattet sein. Obwohl die meisten Kunststoffe brennbar sind, werden sie wegen anderer positiver Eigenschaften als Konstruktionswerkstoffe und Isolatoren in Elektro- und Elektronikgeräten eingesetzt.

Die Erfüllung der oben genannten Anforderungen hat der Gerätehersteller nachzuweisen und zu gewährleisten, wenn er eine entsprechende Zertifizierung erhalten möchte. Für die Auswahl der konstruktiven Maßnahmen und der Werkstoffe, durch die die geforderten Eigenschaften erreicht werden sollen, geben die Normen keine Vorschriften oder Empfehlungen. Maßgeblich ist nur die Erfüllung der Anforderungen durch das entsprechende Bauteil, bzw. des Gerätes als Ganzes, nicht aber des einzelnen Werkstoffes. Demzufolge erfolgt bei der Prüfung und Zertifizierung eines Gerätes keine Analyse und Dokumentation der verwendeten Stoffe, sondern nur eine Überprüfung der durch die Norm geforderten Eigenschaften. Für eine Beurteilung der entsorgungsrelevanten Faktoren ist eine Normzertifizierung deshalb unbrauchbar.

In Deutschland entscheiden Hersteller und Importeure von Elektrogeräten freiwillig über eine Prüfung und Zertifizierung ihrer Produkte im Sinne der DIN-VDE-Normen. Aufgrund der möglichen Haftungsfragen unterziehen sich fast alle Hersteller dieser Prüfung.

Für die stark exportorientierte deutsche Elektronikbranche sind zusätzlich die europäischen und internationalen Normen und Richtlinien von großer Bedeutung.

Die in die Bundesrepublik importierten Geräte dagegen unterliegen den deutschen Bestimmungen. Für mögliche Schäden haftet der Importeur, bzw. der Handel, falls der Importeur nicht ermittelt werden kann. Deutsche Hersteller, die Bauteilgruppen oder ganze Geräte im Ausland fertigen lassen, sind verpflichtet, die Einhaltung der deutschen Vorschriften durch entsprechende Erklärungen und Dokumente ihrer Lieferanten nachzuweisen.

Die von amerikanischen Sachversicherern gegründeten Underwriter Laboratories Inc. (UL) sind führend in der Normung der Brandsicherheit von elektrischen Geräten. Die Ermittlung der Brennbarkeitsstufen erfolgt an Norm-Probekörpern in Abhängigkeit von der Probendicke. Tabelle 3.2 zeigt die Brennbarkeitsstufen nach UL 94. Die generelle Zulassung und die Einstufung eines Werkstoffes in die entsprechende Brandschutzklasse wird durch die sogenannte "Yellow Card" dokumentiert. Auch ganze Geräte können zur Zulassung eingereicht werden. Die Ermittlung der Brennbarkeit wird dann von den Underwriter Laboratories unmittelbar an den Orginalteilen vorgenommen.

Neben UL sind auch die Richtlinien der Canadian Standard Association (CSA) und British Standard (BS) zu nennen.

Tabelle 3.2. Prüfkriterien Underwriter Laboratories Inc. (UL 94)

Prüfkriterien	Brennbarkeitsstufe		
	94 V-0	94 V-1	94 V-2
Brenndauer nach Beflammung	10 s	30 s	30 s
Gesamtbrenndauer je Probekörper (10 Beflammungen)	50 s	250 s	250 s
Glüh- oder Flammabbrand bis zur Halteklammer	nein	nein	nein
Glühdauer nach der 2. Beflammung	30 s	60 s	60 s
Entzündung der Wattelage durch brennend herabtropfende Teile	nein	nein	ja

Um den gestellten Anforderungen zu genügen, werden Flammschutzmittel oder Flammhemmer eingesetzt. Unter dieser Sammelbezeichnung faßt man organische und anorganische Substanzen zusammen, die insbesondere Kunststoffe, Holz und Textilien flammfest einstellen [11]. Von den rund 800.000 t Kunststoffen, die jährlich in der Elektro- und Elektronikindustrie verarbeitet werden, sind etwa 13% flammhemmend ausgerüstet, was einer Menge von ca. 104.000 t entspricht [12].

Die Verwendung von Flammhemmern in Kunststoffen stellt immer einen Kompromiß zwischen dem gewünschten Brandschutz, einer möglichen Verschlechterung der Kunststoffeigenschaften, sowie zunehmend auch ökologischen Kriterien dar. Grundsätzlich kann man die Flammschutzmittel in drei grobe Gruppen einteilen:

– Organische Flammhemmer
  Hier kommen vor allem Organo-Chlor- und Organo-Bromverbindungen zum Einsatz. Ihre flammhemmende Wirkung entsteht durch das Unterbrechen der im Brandfall entstehenden Radikalkette durch Abfangen der Sauerstoffradikale über Nebenreaktionen mit Halogenen und Halogenidverbindungen. Die chemische Industrie hält eine breite Palette bereit, von polybromierten Diphenylether über Chlorparaffine bis hin zu bromierten Biphenylen. 1988 wurden noch schätzungsweise 3000 t der polybromierten Diphenylether in Deutschland verarbeitet. 90 % der mit polybromierten Diphenylether ausgerüsteten Kunststoffe gingen in die Elektro- und Elektronikindustrie [13]. Abb. 3.3 zeigt einige der wichtigsten bromierten Verbindungen.
– Anorganische Flammschutzmittel
  Neben den halogenorganischen Flammhemmern ist Aluminiumhydroxid der mengenmäßig wichtigste Flammschutzzusatz. Weiterhin kommt Magnesiumhydroxid zur Anwendung. Die flammhemmende Wirkung beruht auf der Eigenschaft, bei höheren Temperaturen Wasser abzuspalten. Nachteilig ist allerdings der zur Erfüllung der Flammschutzforderungen nötige hohe Beimischungsanteil von bis zu 50 Gew.-%, der zu einer starken Beeinträchtigung der technischen Eigenschaften der Kunststoffe führen kann.[11] Auch die verhältnismäßig geringe Temperaturbeständigkeit von Aluminumhydroxid (ca. 200 °C) beschränkt den breiten Einsatz. So kommt z. B. der Einsatz in Leiterplattenmaterial, aufgrund der darüber liegenden Lötbadtemperatur, nicht in Frage. Weiterhin kommen noch Phosphor-Verbindungen zum Einsatz. Die Möglichkeiten reichen von rotem Phosphor, Ammoniumpolyphosphat bis hin zu den Estern der Phosphorsäuren.

---

[11] Z B. beim Einsatz von Magnesiumhydroxid in Polypropylen (PP) für die Klassifizierung V0 nach UL 94.

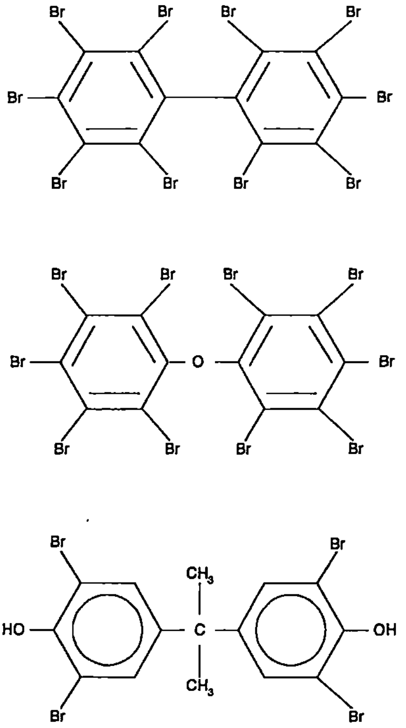

Decabrom-
biphenyl

Decabrom-
diphenylether

Tetrabrom-
bisphenol A

Abb. 3.3. Bromhaltige Flammschutzmittel

- Additive und Synergisten
- Der wichtigste anorganische Zusatzstoff zu halogenhaltigen Flammhemmern ist das Antimontrioxid (Sb_2O_3). Es ist nahezu in allen bromhaltigen FR-Kunststoffen[12] als Synergist enthalten, wo es die Wirkung der Organohalogenide verstärkt. Weiterhin werden noch Flourpolymere (PTFE, ETFE) als sogenannte „Antidripping-Zusätze" eingesetzt, die das Abtropfen von aufgeschmolzenem Thermoplast verhindern sollen.

Den guten flammhemmenden Eigenschaften der halogenierten Flammschutzmittel stehen aber schwerwiegende negative Auswirkungen gegenüber. Die von den bromierten Flammschutzmitteln verursachten Probleme sind:

- Starke toxische Eigenschaften. Schädigungen von Leber, Milz, Augen und Immunsystem können auftreten. In Tierversuchen erwies sich Decabromdiphenylether als kanzerogen.

---

[12]   FR = flame retardent, engl. für flammhemmend.

- Produktionstechnische Verunreinigungen mit polybromierten Dibenzofuranen (PBDF) und -dioxinen (PBDD), die so über die Kunststoffteile in Elektro- und Elektronikgeräte eingebracht werden. Sie stehen im Verdacht, Entzündungen der Leber und der Bauchspeicheldrüse, Schwächungen des Immunsystems und Veränderungen des genetischen Erbmaterials herbeizuführen.
- Ausgasungen der polybromierten Dibenzofurane und -dioxine bei wechselnden thermischen Beanspruchungen unter Normalbetriebsbedingungen. Die von den Ausdunstungen ausgehenden Belastungen sind allein betrachtet zwar unbedenklich, stellen jedoch eine vermeidbare und unnötige Zusatzquelle von Furanen und Dioxinen dar.
- Die mögliche Entstehung von Furanen und Dioxinen bei starken thermischen Belastungen wie bei der Müllverbrennung oder bei Wohnungsbränden. Die hohe Persistenz, die starke, sich akkumulierende Toxizität mit breitem Wirkungsspektrum sowie die kanzerogene Wirkung der Dioxine und Furane machen diese Substanzen zu problematischen Umweltschadstoffen.
- Die bei einer thermischen Belastung entstehenden Reaktionsprodukte Brom- (HBr) und Chlorwasserstoff (HCl) führen zu Korrosionsschäden in den betreffenden Anlagen und Maschinen.
- Die häufige Kombination mit einem Schwermetallsynergisten wie Antimontrioxid oder Phosphorverbindungen zur Verbesserung der Performance. Daraus resultierende Belastungen durch das kanzerogene Antimontrioxid bei der Verarbeitung durch Staubemissionen bzw. die mögliche Phosphinabspaltung bei rotem Phosphor, sind weitere unerwünschte Nebeneffekte.
- Die Einschränkung der Wiederverwertbarkeit von Kunststoffen durch das Elektronikschrott-Recycling.

3.2.2 Leiterplatten

Bei Leiterplatten handelt es sich um ein Vielstoffgemisch aus den Komponenten polymerer, teilweise glas- und/oder kunstfaserverstärkter Kohlenwasserstoffe (gehärtete Phenol- oder Epoxidharze), Metalle, Metallverbindungen sowie verschiedener Additive (Flammschutz, Pigmente, Füllmaterialien), die z.T. halogeniert sind.

Man unterscheidet zwischen drei Klassen von Leiterplatten:

- FR2-Leiterplatten
  Diese aus Phenol-Kondensat-Harzen und Hartpapier gefertigten Leiterplatten enthalten aus Brandschutzgründen halogenierte Flammenhemmer. Europäische Laminate sind mit Tetrabrombisphenol A (TBBA) und Antimontrioxid (Sb_2O_3) ausgerüstet; außereuropäische Laminate enthalten z.T. noch Pentabromdiphenylether. Einige Hersteller bieten seit 1992 bromfreies Material an.
- FR3-Leiterplatten
  Bei den aus epoxidharzgetränkten Papier hergestellten Laminat ist ein Teil des TBBA bereits in das Tränkharz einpolymerisiert. Zusätze von Sb_2O_3 und

weiterem TBBA können mit eingebaut sein. Bromfreies FR3-Material ist zur Zeit nicht zu erwarten.
- FR4-Leiterplatten
  Auch bei dem epoxidharzgetränkten Glasfasergewebe des FR4-Materials ist TBBA bereits im Harz mit einpolymerisiert. Hier ist in der Regel kein Antimontrioxid zu finden, der Gehalt an Brom beträgt jedoch normalerweise 8 Gew.-%.

Für Duromere selbst bestehen zur Zeit nur sehr begrenzte Recyclingmöglichkeiten. Die Verwendung als anteiliger Füll- oder Zuschlagstoff nach einer Aufmahlung oder die Neurezeptierung mit Frischharz sind wenig befriedigende Verwertungsmöglichkeiten, zumal der Markt für diesen Einsatzzweck weitgehend gesättigt ist.

Für Leiterplatten steht diese Art der Verwertung aufgrund des hohen Schadstoffgehalts nicht zur Verfügung. Weiterhin ist der hohe Metallanteil durch die Leiterbahnen und elektronischen Bauteile zu berücksichtigen. Derzeit werden zwei verschiede Verwertungsansätze praktiziert:

- Thermische Verfahren
  Leiterplattenschrott wird zur Wiedergewinnung des Kupfers und der NE-Metalle in Kupferhütten eingesetzt. Hierzu wird das Leiterplattenmaterial in den Konverter eingebracht, die Kunststoffe und organischen Bestandteile verbrennen dabei, die unedlen Metalle verschlacken und die Edelmetalle können nach der elektrolytischen Kupferraffination aus dem Anodenschlamm zurückgewonnen werden. Dieses Verfahren ist aufgrund der damit verbundenen Dioxinproblematik als nicht akzeptabel zu bezeichnen [14,15]. Weiterhin hinterläßt eine solche thermisch-metallurgische Behandlung von Leiterplatten nahezu 2/3 der ursprünglichen Menge in Form von Schlacke. Lediglich 1/10 des eingesetzten Materials können im Sinne einer Wertstoffrückgewinnung in den Stoffkreislauf wieder eingegliedert werden [16]. Der derzeit praktizierte Export von Leiterplattenschrott nach Kanada, Skandinavien und Afrika zwecks Verwertung in den dortigen Kupferhütten[13] verlagert die Belastungen in Länder mit niedrigen Umweltschutzauflagen und trägt so zur Vermehrung und Verschärfung der globalen Umweltbelastungen bei.
- Mechanische Verfahren
  Die mechanischen Verfahren wie Shreddern, Sichten und Sieben liefern eine metallreiche und eine kunststoffreiche Fraktion. Während für die metallreiche Fraktion Verwertungsmöglichkeiten durch metallurgische Prozesse zur Verfügung stehen, existieren Verfahren zur Verwertung der Kunststoffraktion derzeit nicht. Neben den beiden oben genannten Gründen ist ein weiterer

---

[13]   Mündliche Aussage von Dr. T. König (R+T Entsorgungs GmbH) auf dem VDI-Seminar „Praxis der Elektronikschrottentsorgung" am 7./8. März 1994 in Duisburg.

Grund hierfür der je nach Verfahren immer noch hohe Metallanteil in der Kunststofffraktion der bis zu 10 Gew.-% betragen kann.

3.2.3 Elektronische Bauelemente

Die Gruppe der elektronischen Bauteile stellt eine sehr inhomogene Fraktion mit einem Querschnitt des Periodensystems der Elemente dar. Entsprechend limitiert sind die Möglichkeiten eines Recyclings [17]. Eine genaue Darstellung der Inhaltsstoffe von elektronischen Bauteilen ist aufgrund der Bandbreite und der spärlichen Datenlage in der Fachliteratur hier nicht möglich. Lohs vergleicht die in der Fertigung von elektronischen Bauteilen eingesetzten chemischen Verbindungen in Hinsicht auf ihre Gefahr bezüglich akuter Vergiftungen sowie Langzeit- und Folgeschäden mit chemischen Kampfstoffen [18]. Während bei der Bevorratung und Verarbeitung dieser Stoffe aufgrund von Sicherheitsauflagen entsprechend sensibel mit den Stoffen umgegangen werden muß, wird bei der Entsorgung ausgesprochen fahrlässig gehandelt. Die jahrelang praktizierte Ablagerung auf Hausmülldeponien hat aus toxikologischer Sicht ein Gefahrenpotential von in seinem Ausmaß schwer einzuschätzender Größe hinterlassen. So vergleicht Lohs die gegenwärtige Situation mit dem Wissen über die human- und ökotoxikologischen Folgewirkungen von synthetischen Pflanzenschutz- und Schädlingsbekämpfungsmitteln in den 50er und 60er Jahren. Die Beurteilung möglicher Wandlungswege vom Fremdstoff zum Schadstoff sowie letztendlich zum Gift ist durch die unterschiedlichen Mengenanteile und der kaum zu überschauenden Vielfalt der möglichen Reaktionswege derzeit nicht möglich.

Die Verwertungsansätze für Elektronikbauteile beschränken sich auf die oben beschriebenen Verfahren zur Rückgewinnung der Metallfraktionen. In bezug auf Schadstoffhaltigkeit wird im Rahmen des Elektronikschrottrecyclings vor allem Elektrolytkondensatoren, quecksilberhaltigen Bauteilen und vereinzelt Flüssigkristallanzeigen erhöhte Aufmerksamkeit gewidmet. Diese Bauteile werden manuell entfernt und in einer Untertagedeponie abgelagert.

3.2.4 Bildröhre

Die Bildröhre macht rund zwei Drittel des Gesamtgewichts eines Fernsehgerätes aus. Neben den zwei Glaskomponenten (Schirm- und Konusglas) enthält eine Bildröhre noch einen Metallanteil (Lochmaske, Spann- und Maskenrahmen), Elektronik (Kathodenstrahlenerzeuger-Einheit) sowie Leuchtstoffe und Beschichtungen. Die elektrischen Durchführungen werden mit Glasemaille (Bleiborat) abgedichtet, für die Verbindung zwischen Konus- und Schirmglas wird sogenanntes Glaslot oder Glasfritte verwendet. Neben Bildröhren aus Fernsehgeräten fallen auch Röhren aus anderen Bildschirmgeräten (wie z. B. Computermonitore) an, so daß jährlich ca. 5 Millionen Bildröhren in der Bundesrepublik entsorgt werden müssen. Tabelle 3.3 zeigt die Gewichtsverteilung in einer 63 cm Farbbildröhre.

Tabelle 3.3. Zusammensetzung einer 63 cm Bildröhre (Quelle: Züblin)

Komponenten	Masse [g]
Schirmglas	12.500
Konusglas	4.700
Metalle (Lochmaske, Spann- und Maskenrahmen)	2.400
Strahlerzeuger-Einheit	88
Glasfritte	85
Beschichtungen und Leuchtstoffe	7
Gesamtmasse	**19.780**

Aufgrund unterschiedlicher technischer Anforderungen haben das Schirmglas und das Konusglas verschiedene chemische Zusammensetzungen. Im Konusglas wird zur Abschirmung der im Inneren der Röhre erzeugten hochenergetischen Röntgenstrahlung bis zu 21-Gew.-% Bleioxid zugesetzt. Im Schirmglas würde die Verwendung von Bleioxid nach einiger Zeit zu einer dort unerwünschten Verfärbung des Glases durch die Strahlung führen, weshalb bei den aus europäischer Produktion stammenden Röhren Bariumoxid bzw. Strontiumoxid bei Fernostimporten eingesetzt wird.

Zur Erzeugung des Bildes auf dem Schirm ist das Schirmglas mit einer sogenannten Leuchtschicht beschichtet. Dabei kommen Substanzen wie Europium (Eu) als Leuchtstoff für Rottöne, Cadmiumsulfid[14] oder Zinksulfid/Silber-Verbindungen (ZnS/Ag) für Grüntöne zum Einsatz. Blautöne werden durch Zinksulfid mit einer Zumischung der Spinellverbindung Kobaltoxid-Aluminiumoxid (CoOAlO) erzeugt. Ferner sind Spuren von Arsen, Beryllium und Wismut zu finden. Die Aufbereitung und Rückgewinnung dieser Stoffe, die ca. 0,04 Gewichtsprozent vom Gesamtanteil der Bildröhre ausmachen, ist zwar theoretisch möglich, wirtschaftlich z.Z. aber nicht lohnend. Sie werden als Sondermüll deponiert.

Die Glasrezepturen der Bildröhre enthalten je nach Hersteller noch eine größere Menge an diversen Zuschlagstoffen, die im Laufe der technischen Weiterentwicklungen[15] einem stetigen Wandel unterworfen sind. Zwar sind die Bildröhren gekennzeichnet und somit der Hersteller erkennbar, die Kennzeichnung gibt jedoch keinen Aufschluß über die Glaszusammensetzung. Selbst bei Fernsehgeräten gleichem Typs und vom gleichem Hersteller sind unterschiedliche Glassorten zu finden [19]. Dies resultiert einerseits aus der erwähnten

---

[14]   Seit 1992 wird Cadmiumsulfid von europäischen Herstellern nicht mehr verwendet.

[15]   Ursache hierfür können z. B. steigende Qualitätsanforderungen an das Fernsehbild oder gesetzliche Vorschriften wie die Röntgenverordnung sein.

technischen Fortentwicklung, andererseits beziehen einige Fernsehhersteller ihre Bildröhren von verschiedenen Bildröhrenherstellern, so daß bei der Produktion von Fernsehgeräten gleichen Typs unterschiedliche Bildröhren zum Einsatz kommen können. Die schwankenden Zusammensetzungen sind zwar prinzipiell für die eigentliche Schadstoffentfrachtung von untergeordneter Bedeutung, für eine mögliche Wiederverwendung der Gläser jedoch entscheidend. So werden immer noch ein Großteil der Bildröhren als Sondermüll behandelt und zum Teil sogar zu jeweils drei Stück in Fässern mit 200 Litern Fassungsvermögen eingeschweißt und in der Sondermülldeponie Herfa-Neurode gelagert [20]. Tabelle 3.4 gibt eine Auswahl über mögliche Inhaltsstoffe in einer Bildröhre mit den dazugehörigen Konzentrationsgrenzen:

Tabelle 3.4. Zusammensetzung Bildröhrenglas (Quelle: Züblin)

Verbindung	Formel	Gew.-% Konus	Gew.-%-Schirm
Siliciumoxid	SiO_2	50,0 - 60,0	55,0 - 65,0
Natriumoxid	Na_2O	5,0 - 7,0	5,0 - 10,0
Kaliumoxid	K_2O	5,0 - 10,0	5,0 - 10,0
Bortrioxid	B_2O_3	0,0 - 0,2	0,0 - 0,1
Bariumoxid	BaO	0,6 - 2,0	0,3 - 13,3
Calciumoxid	CaO	3,5 - 6,0	1,0 - 4,0
Magnesiumoxid	MgO	2,0 - 3,0	0,0 - 1,4
Strontiumoxid	SrO	0,0 - 0,2	0,5 - 10,7
Bleioxid	PbO	9,9 - 21,0	0,0 - 4,0
Aluminiumoxid	Al_2O_3	1,5 - 4,5	1,0 - 4,0
Eisenoxid	Fe_2O_3	0,0 - 0,1	0,0 - 0,1
Titanoxid	TiO_2	0,0 - 0,1	0,2 - 0,8
Antimonoxid	Sb_2O_3	0,0 - 0,2	0,2 - 0,6
Arsenik	As_2O_3		0,0 - 0,2
Cerdioxid	CeO_2		0,0 - 0,6
Wolframtrioxid	WO		0,0 - 1,8
Zinkoxid	ZnO		0,0 - 3,0
Zirkonoxid	ZrO_2		0,0 - 2,0
Lithiumoxid	Li_2O	0,0 - 0,5	
Phosphorpentoxid	P_2O_5	0,1 - 0,6	

4 Ablagerungs- und Verbrennungsfähigkeit von gebrauchten Fernsehgeräten

4.1 Vorbemerkung

In der Abfallwirtschaft finden zur Beseitigung von Abfällen im allgemeinen die Verfahren "Deponierung", "Verbrennung mit Rückstandsdeponierung und -verwertung" und - als biologisches Behandlungsverfahren - die "Kompostierung" Anwendung. Im Laufe der Entwicklung haben sich etliche Kriterien und Untersuchungsverfahren herausgebildet, um Abfall hinsichtlich seiner Deponier- oder Verbrennungsfähigkeit zu beurteilen. Im folgenden wird daher zunächst auf grundsätzliche Überlegungen zur Deponierung und Verbrennung eingegangen und dann ein Bezug zur Entsorgung gebrauchter Fernsehgeräte hergestellt.

4.2 Deponierung

Eine Deponie wird in der Abfallwirtschaft als ein großer, praktisch unkontrollierter Reaktor betrachtet, der mit der Umwelt auf dem Luft-, Boden- und Wasserpfad in Wechselwirkung tritt. Dabei ist zu unterscheiden zwischen

- Reaktionen zwischen der Umwelt und der Deponie (z. B. Regen, Gase, Sickerwasser) sowie
- Reaktionen zwischen den deponierten Abfällen untereinander.

Die Reaktionsprodukte des "Reaktors" Deponie sind

- Deponiegas,
- Sickerwasser und
- durch Reaktion veränderter Abfall.

Durch aufwendige Abdichtungstechniken, Gaserfassung und Sickerwasserbehandlung versucht man, diese Emissionen weitestgehend zurückzuhalten oder durch Behandlung in einen umweltverträglichen Zustand zu versetzen. Die Erfahrung hat jedoch gezeigt, daß die Abdichtung einer Deponie und damit die "kontrollierte Ablagerung" nur 50-75 Jahre gewährleistet werden kann.

Bei der Deponierung von Abfällen muß grundsätzlich davon ausgegangen werden, daß diese vermischt und verdichtet auf mehr oder weniger durchlässigem Untergrund für immer abgelagert werden. Ein weiteres Problem ist daher die Reaktion der Abfälle untereinander. Entweichen beispielsweise Lösemittelreste aus alten Gebinden und kommen diese mit anderen Abfällen (z. B. ausgehärtete Farben und Lacke) in Berührung, können durch Auslaugprozesse umweltschädliche Substanzen aus dem Deponiekörper ausgetragen werden. Ebenso können durch chemische Reaktionen schädliche Gase entstehen, die in die Atmosphäre abgegeben werden. Wird der Abfall biologisch abgebaut, entstehen als Reaktionsprodukte Methan, Kohlendioxid und Wasser mit unterschiedlichen Gehalten an Salzen und organischen Substanzen, die wiederum an die Luft und das Grundwasser abgegeben werden.

Aus diesen Gründen geht man immer mehr dazu über, Abfälle nicht mehr unbehandelt abzulagern, sondern sie vor der Ablagerung in einen möglichst "inerten" Zustand zu versetzen (vgl. Abschn. TA Abfall), d. h., daß sich Abfälle bei den bei der Deponierung üblichen physikalischen und chemischen Bedingungen reaktionsträge verhalten müssen oder möglichst überhaupt nicht reagieren dürfen. Maßstab für die Ablagerungsfähigkeit ist somit der Grad der Inertisierung der Abfälle.

Die üblichen Analysemethoden für die Charakterisierung von Abfällen sind aus der Kohleanalytik abgeleitet und bestehen im wesentlichen neben der Sortieranalyse aus

— Bestimmung des Glühverlustes und Heizwertes,
— Bestimmung des Gehaltes an organischen Substanzen,
— Bestimmung des Wassergehaltes, pH-Wertes, Salzgehaltes,
— Gehalt an löslichen Schwermetallen und ausgewählten organischen Substanzen,
— Petroletherextrakt,
— Bestimmung der Eluierbarkeit (sogenannte "Schüttelversuche") mit Analyse des Eluates.

Hierzu müssen die Abfallstoffe homogenisiert werden, im allgemeinen durch Zerkleinerung bzw. Mahlung und gute Durchmischung. Die TA Abfall schreibt für abzulagernde Stoffe je nach Herkunft bestimmte Grenzwerte für den Restgehalt an organischen Substanzen und Salzen beim Schüttelversuch vor sowie Höchstmengen für eine Reihe von Einzelsubstanzen (z. B. Schwermetalle). Weitere Anforderungen für die Ablagerungsfähigkeit sind z. B. Fließverhalten oder Stichfestigkeit (bei Schlämmen) oder die Kompaktheit (bei Sperrmüll).

4.2.1 Deponierung von gebrauchten Fernsehern

Die oben beschriebenen Ausführungen zeigen, daß die herkömmliche Analytik (Zerkleinerung des Fernsehgerätes mit anschließender Analyse des Mahlguts)

kein handhabbares Analyseverfahren für die Bewertung der Ablagerungsfähigkeit darstellt. Es muß vielmehr von der bisher bekannten stofflichen Zusammensetzung eines Gerätes ausgegangen und untersucht werden, wie sich diese Bestandteile unter der dauernden Einwirkung von mechanischem Druck, Wärme (ca. 50°C), Wasser, Säuren und Laugen sowie organischer Lösemittel (Öle, Nitroverdünnung) verhalten. Weitere Kriterien sind die biologische Abbaubarkeit und die Toxizität auf Lebewesen und Pflanzen. Dazu sollen folgende Überlegungen angestellt werden:

Ein Fernsehgerät besteht aus den Grobfraktionen Bildrohr, Gehäuse und Elektronikchassis. Folgende Werkstoffe finden hauptsächlich Verwendung:

Für das Gehäuse

- Kunststoffe (teilweise halogenhaltig)
- Holzspanplatten
- Lacke
- Stahl oder Aluminium (Befestigungen)
- Textilien, Papier, Pappe (Lautsprecher)

Für das Bildrohr

- Pb-, Ba-, Sr- haltiges Glas
- Zn, Cd, seltene Erden (Leuchtstoffe)
- Bi-, Al-, Ba- haltige Beschichtungen
- Kupfer und Eisen (Ablenkeinheit)
- Stahl, Edelstahl, Kunststoff (Befestigung)

Für das Chassis

- Stahl, Aluminium und Eisen
- Kunststoffe (teilweise halogenhaltig)
- Kupfer (Verdrahtung, Trafos, Spulen)
- Lötzinn (Sn, Pb, Cu)
- seltene Erden, Edel- und Schwermetalle in Elektronikbauteilen (Pd, Au, Ag, Pt, Ni, As, Sb, Cd, Cr, Be)
- Elektrolyte
- weitere organische Substanzen unbekannter Zusammensetzung.

Flammhemmerfreie Gehäuseteile ähneln in ihrer Zusammensetzung gewöhnlichem Haus- oder Sperrmüll. Holz und Papier sind biologisch abbaubar und tragen in der Deponie zur Gas- und Sickerwasserentstehung bei. Die verwendeten Kunststoffe (PS, ABS, SB, PPE, PVC) und Lacke werden nicht biologisch abgebaut, können sich jedoch unter dem Einfluß von Lösemitteln zersetzen und als Monomere, Harze oder Pigmente ins Deponiegas bzw. Sickerwasser gelangen (Vinylchlorid und Styrol sind z. B. immer in Gasen und Sickerwässern von Hausmülldeponien enthalten). Stähle, Aluminium und Kupfer korrodieren innerhalb der Deponie mit der Zeit und gelangen als saure Salze oder Hydroxide ins Sickerwasser.

Das Bildrohr wird durch mechanische Beanspruchung meist schon auf dem Transport zur Deponie zerstört, spätestens auf der Deponie selbst durch die Verdichtung. Sämtliche Stoffe, die nicht fest in der Glasmatrix eingebunden sind, also Beschichtungen, Gitter usw. können durch saure oder basische Sickerwässer gelöst und ausgeschwemmt werden. Die als feiner Staub aufgetragenen Beschichtungen können zudem beim Abkippvorgang in die Luft verteilt werden und stellen eine unmittelbare Gefahr für das Deponiepersonal dar. Das größte Gefährdungspotential geht von der Ablagerung der Bildröhren aus, da chemische Prozesse zur Freisetzung von kritischen Schadstoffen führen.

Ähnliche Verhältnisse finden sich beim Chassis. Die verwendeten Kunststoffe werden durch in der Deponie vorhandene organische Lösemittel angegriffen und teilweise in ihre Monomere zersetzt, Additive (z. B. Flammhemmer) werden herausgelöst. Durch mechanische Einwirkungen und saure Wässer werden elektrische Bauteile zerstört, der Inhalt wird freigesetzt. Bei Kondensatoren bedeutet dies eine Emission der Elektrolyte, teilweise hochtoxischer Verbindungen wie z. B. polychlorierter Biphenyle (PCB). Sämtliche Metalle werden im Laufe der Zeit als saure Salze oder Hydroxide gelöst und gelangen ins Sickerwasser. Über Wechselwirkungen der Substanzen untereinander ist nur wenig bekannt.

Fernsehgeräte heutiger Bauart erfüllen nicht die Anforderungen an eine Deponierung. Allenfalls bestimmte, nicht mit Flammschutzmitteln behandelte Teile des Gehäuses eignen sich aufgrund der Verwandtschaft zu häuslichem Sperrmüll zumindest teilweise zur direkten Deponierung, was wegen des großen Volumens jedoch nicht empfehlenswert ist. Bei den verwendeten Kunststoffen sollten ausschließlich chlorfreie Materialien oder Polyolefine eingesetzt werden, da diese auch als Monomere keine nennenswerte Toxizität aufweisen und bedingt biologisch abbaubar sind. Die Verwendung von Holz, Papier und Textilien ist unkritisch, solange auf toxische Additive verzichtet wird. Lacke sollten nur biologisch abbaubare, organische Pigmente oder schwermetallfreie Stoffe enthalten. Im Einzelfall ist bei den verwendeten Materialien eine Prüfung der Toxizität und der biologischen Abbaubarkeit vorzunehmen.

4.3 Thermische Behandlung (Verbrennung, Pyrolyse)

Die thermische Behandlung von Abfällen ist als ein Verfahren zu sehen, welches als Vorstufe zur Deponierung eingesetzt wird. Ziele der thermischen Behandlung sind

- Volumen- und Gewichtsreduzierung,
- Separierung, Zerstörung oder Inertisierung von problematischen Bestandteilen,
- Separierung von Wertstoffen (z. B. Schrott oder Pyrolysegas),
- Energiegewinnung.

Prinzipiell werden zwei Verfahren unterschieden:

- Verbrennung mit Luftsauerstoff,
- Verschwelung unter Luftabschluß.

Reaktionsprodukte beider Verfahren sind:

- Schlacke und Asche,
- Flugstäube,
- Abgase,
- Rückstände aus der Rauchgasreinigung,
- Kondensate (nur bei Pyrolyse).

Beide Verfahren bedingen je nach Einsatzstoff einen hohen technischen Aufwand, insbesondere die Nachbehandlung der Reaktionsprodukte (Rauchgasreinigung) gestaltet sich kompliziert und teuer. Während früher die Verbrennung von Abfällen der Energieerzeugung aus fossilen Brennstoffen gleichgesetzt wurde, stellt die Verbrennung heute ausschließlich ein Behandlungsverfahren vor der Deponierung dar, die Energiegewinnung ist als nützlicher Nebeneffekt in den Hintergrund getreten.

Neben der Brennbarkeit der Abfälle ist das wichtigste Kriterium für dieses Behandlungsverfahren der Gehalt an Schadstoffen. Diese werden entweder durch die vorherrschenden Temperaturen zerstört und in mehr oder weniger problematische Rauchgase, Stäube oder Schlacken umgewandelt oder gelangen direkt in die Reaktionsprodukte hinein. Durch eine entsprechende Nachbehandlung wird versucht, die problematischen Substanzen zu konzentrieren und in eine ablagerungsfähige Form zu bringen (vgl. Kap. 4.2.).

Je nach Brennbarkeit der Abfälle erhält man aus der Verbrennung pro Tonne Abfall etwa 300-350 kg Rückstände. Davon sind ca. 300 kg Schlacke und etwa 50 kg Filterstäube und Rückstände aus der Rauchgasgewinnung, die als Sonderabfall zu entsorgen sind.

Grundsätzlich emittieren Verbrennungsanlagen neben Wasserdampf und Kohlendioxid immer eine gewisse Menge unerwünschter Schadstoffe, deren Menge und Qualität von der Zusammensetzung der eingesetzten Abfälle und vom technischen Aufwand in der Anlage abhängen. Hierbei ist zu beachten, daß eine Restemission immer bleiben wird. Es gilt also, die Schadstoffe im zu verbrennenden Abfall zu minimieren.

Bei der Pyrolyse von Abfällen gelten die gleichen Grundsätze wie bei der Verbrennung. Eine hohe Schadstofffracht im Einsatz bedingt einen entsprechenden Aufwand zur Reinigung der Pyrolyseprodukte (Öle, Gas), auch hierbei verbleiben Reststoffe und Emissionen, die in Kauf genommen werden müssen.

4.3.1 Verbrennung von gebrauchten Fernsehern

Nach einer Analyse des ZVEI besteht ein 30 kg schweres Fernsehgerät etwa aus

- 21 kg Bildröhre,
- 6 kg Gehäuse und Rückwand,
- 3 kg Elektronikchassis.

Unter der Annahme, daß diese Bestandteile etwa 7-8 kg brennbare Substanzen enthalten, muß bei Einsatz in einer Müllverbrennungsanlage folglich mit einem unbrennbaren Rückstand von 22-23 kg gerechnet werden, zuzüglich etwa 0,5-1 kg Rückständen aus der Rauchgasreinigung, was einer Reduzierung des Gesamtgewichtes von nur rund 20 % entspricht. Werden gebrauchte Fernseher in Sondermüllverbrennungsanlagen behandelt, die aufgrund der hohen Verbrennungstemperaturen (>1.200°C) ein hohes Schadstoff-Zerstörpotential aufweisen, kann davon ausgegangen werden, daß im günstigsten Fall die nicht brennbaren Bestandteile (Glas, Metall) in einen inerten Zustand versetzt werden und damit ablagerungsfähig sind. Dies kann nach Homogenisierung und Zerkleinerung des Rückstands durch die einschlägigen o.g. Analysen nachgewiesen werden. Weiterhin muß berücksichtigt werden, daß für die Verbrennung von Fernsehgeräten unter derart hohen Temperaturen eine ständige Stützfeuerung erforderlich ist, was zu Emissionen und erhöhtem Energieverbrauch führt.

Es muß jedoch auch davon ausgegangen werden, daß einerseits etwa 1 kg hochproblematischer Sonderabfall (RGR-Salze, Stäube) pro Fernseher übrig bleibt und andererseits eine unbekannte Menge leichtflüchtiger Schwermetalldämpfe, Stäube und organischer Verbindungen von der Anlage emittiert werden. Bei der Verbrennung von Kunststoffen mit halogenierten Flammschutzmitteln, können beispielsweise Dioxine und Furane gebildet werden. PVC aus der Kabelummantelung führt zur Entstehung von Salzsäure, kann aber auch zur Bildung von Dioxinen beitragen. Ähnlich problematisch stellen sich die Verhältnisse bei Schwermetallen dar. Die Einhaltung der Grenzwerte von leichtflüchtigen Metallen wie Arsen und Quecksilber bereiten bei der Rauchgasreinigung besondere Probleme. Es können zudem toxische und flüchtige Halbleiterelemente wie Antimon, Gallium, Indium, Selen und Tellur oder Schwermetalle wie Blei und Cadmium in die Umwelt emittiert werden. Schließlich bleibt festzuhalten, daß nicht alle toxischen Metalle, die in Fernsehgeräten enthalten sind, von der Bundesimmissionsschutz-Verordnung (BImSchV) erfaßt werden.

Der hohe Gehalt an problematischen Stoffen in Fernsehgeräten bedingt also einen erheblichen technischen und energetischen Aufwand bei der Verbrennung und führt zu schwer kalkulierbaren Emissionen. Die Gewichtsreduktion ist mit 20 % gering; es verbleibt im günstigsten Fall ein zu beseitigender Sondermüll von etwa 1 kg pro Gerät sowie ca. 23 kg Glas- und Metallschrott, der nicht recycelt werden kann und abgelagert werden muß.

Fernsehgeräte heutiger Bauart und Zusammensetzung sind daher - abgesehen von der damit verbundenen Wertstoffvernichtung - weder für eine Deponierung noch Verbrennung in Hausmüllverbrennungsanlagen geeignet.

5 Elektronikschrott-Recycling: Möglichkeiten und Grenzen

5.1 Verfahren der Elektronikschrottverwertung

5.1.1 Allgemeine Verfahrensbeschreibung

Die Ankündigung der Elektronikschrott-Verordnung hatte eine kräftige Ausweitung des Marktes für Entsorgungsdienstleistungen zur Folge. Bei einer jährlich anfallenden Menge von 1,5 Millionen Tonnen Elektronikschrott - mit steigender Tendenz - und angenommenen Verwertungspreisen von im Mittel 1,50 DM/kg ergibt sich ein zu erwartendes Marktvolumen von 2,25 Milliarden DM. Angesichts dieses Marktvolumens ist es verständlich, daß neben den bereits existierenden Entsorgungsbetrieben eine Vielzahl von Unternehmen aus dem Anlagenbau und der Energiewirtschaft in diesen Markt vordringen und neue Verfahrensentwicklungen anstoßen. Da sich das Entwicklungsgeschehen im Moment sehr im Fluß befindet, kann die folgende Beschreibung der derzeitigen Entsorgungsverfahren nicht vollständig sein. Vielmehr soll ein kurzer allgemeiner Überblick über die bei der Elektronikschrottverwertung angewandten Verfahrensschritte gegeben werden, sowie die Darstellung von zwei Verfahren, die den derzeitigen Stand der Technik widerspiegeln.

Die allgemeine Vorgehensweise bei der Verwertung von Elektronikschrott umfaßt in der Regel bei den derzeit üblichen Verfahren folgende Schritte:

- Demontage,
- Maschinelle Aufbereitung,
- Sekundärrohstoffgewinnung,
- Entsorgung der nicht verwertbaren Fraktionen.

Hierbei kommen mechanische, thermische und chemische Verfahren zur Anwendung. Eine klare Systematisierung läßt sich jedoch nicht immer treffen, da je nach konkretem Verfahren der einzelnen Entsorgungsunternehmen die Wahl und die Kombination der einzelnen Grundoperationen variieren. Dementsprechend unterschiedlich sind die Ergebnisse in bezug auf Zerlegungstiefe und Recyclingquoten.

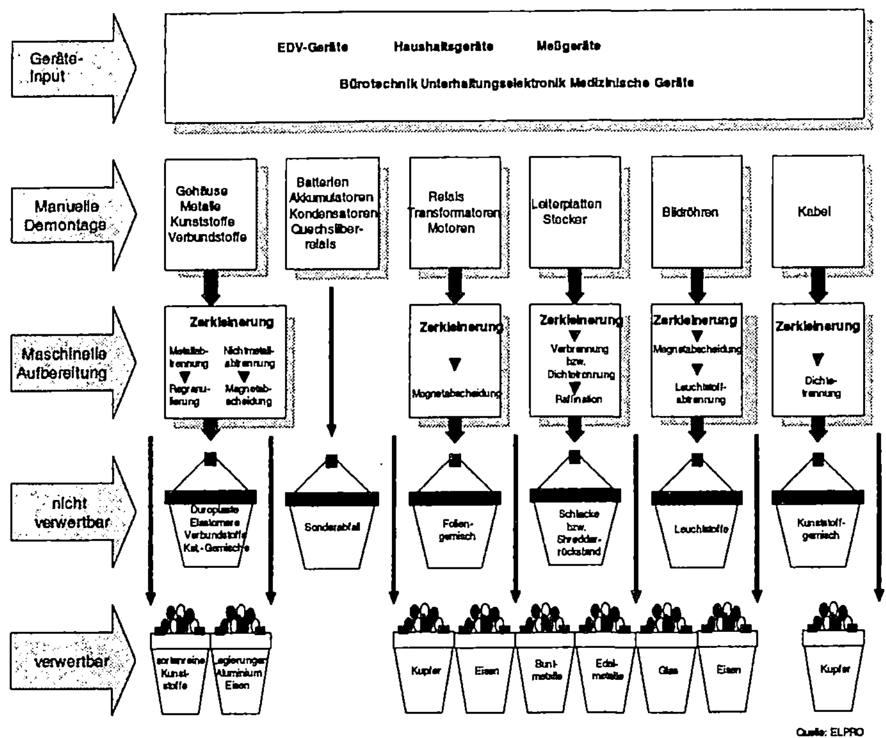

Abb. 5.1. Allgemeine Vorgehensweise bei der Elektronikschrottverwertung

5.1.2 Demontage

Für ein effektives Recycling ist eine sorgfältige Fraktionierung notwendig. Dabei ist zwischen der Geräte- und der Bauteilefraktionierung zu unterscheiden. Die Zerlegung der Geräte dient der Ausgliederung von wiederverwendbaren Komponenten, der Entfernung von schadstoffhaltigen Bauteilen (Quecksilberschalter, PCB-haltige Kondensatoren etc.) und der Sortierung in Grobfraktionen (Leiterplatten, Gehäuse, Bildröhren, Metallteile).

Die Gerätezerlegung erfolgt aufgrund der Vielfalt und des komplexen Aufbaus der anfallenden Geräte in fast allen Fällen manuell. Zum Einsatz kommen dabei nur einfache Werkzeuge wie Zange, Schraubendreher, Hammer, Meißel und elektrisch oder druckluftbetriebene Schrauber. Daher hat die Demontage einen geringen Energiebedarf, aufgrund seiner Personalintensität ist sie aber gleichzeitig der teuerste Schritt der Elektronikschrottverwertung. Doch gerade die sogenannte Schadstoffentfrachtung bei der manuellen Demontage ist aus ökologischer Sicht besonders wichtig, da sonst schadstoffhaltige Substanzen in die sich anschließenden Verfahren und damit in den Materialkreislauf der wieder-verwertbaren Materialien eingetragen werden.

Durch entsprechende konstruktionsspezifische Maßnahmen ließe sich in Zukunft die wirtschaftliche Grenze der manuellen Demontage senken und die Zerlegetiefe heben. Automatisierte Zerlegeeinrichtungen sind im großtechnischen Maßstab bisher nicht im Einsatz.

Die aus der Demontage gewonnenen Grobfraktionen werden anschließend einer direkten Verwertung oder einem weiteren maschinellen Aufbereitungsverfahren zugeführt

In der Regel wird in folgende Grobfraktionen zerlegt:

- eisenhaltige Metalle,
- Nichteisen-Metalle,
- sortenreine Kunststoffe,
- Kunststoffgemische,
- Verbundmaterialien wie Platinen, Kabel, Motoren,
- Problemkomponenten wie z. B. Bildröhren, Quecksilberschalter u. ä.,
- schadstoffentfrachtete Gerätereste.

Die Grobfraktionen, speziell die Leiterplatten und elektronischen Bauteile, bestehen aus einem Vielstoffgemisch. Die große Materialvielfalt und die innigen Verbunde zwischen den Materialien erschweren die Aufarbeitung von Elektronikschrott. Deshalb schließt sich in der Regel nach der manuellen Zerlegung ein mechanisches Verfahren zum weiteren Aufschluß der Teile an.

5.1.3 Maschinelle Aufbereitung

Bei der maschinellen Aufbereitung werden durch Aufschluß der Grobfraktionen mit anschließendem Sortieren und Klassieren Fraktionen mit möglichst hoher Sortenreinheit abgetrennt. Hier kommen trockene, naß-mechanische, elektrostatische sowie magnetische Trennverfahren zur Anwendung, die seit langem bei der Aufbereitung primärer Rohstoffe angewendet werden.

Die dann meist in Granulatform vorliegenden sortierten Fraktionen können anschließend, sofern aus wirtschaftlicher und ökologischer Sicht lohnend, der Sekundärrohstoffgewinnung zugeführt werden.

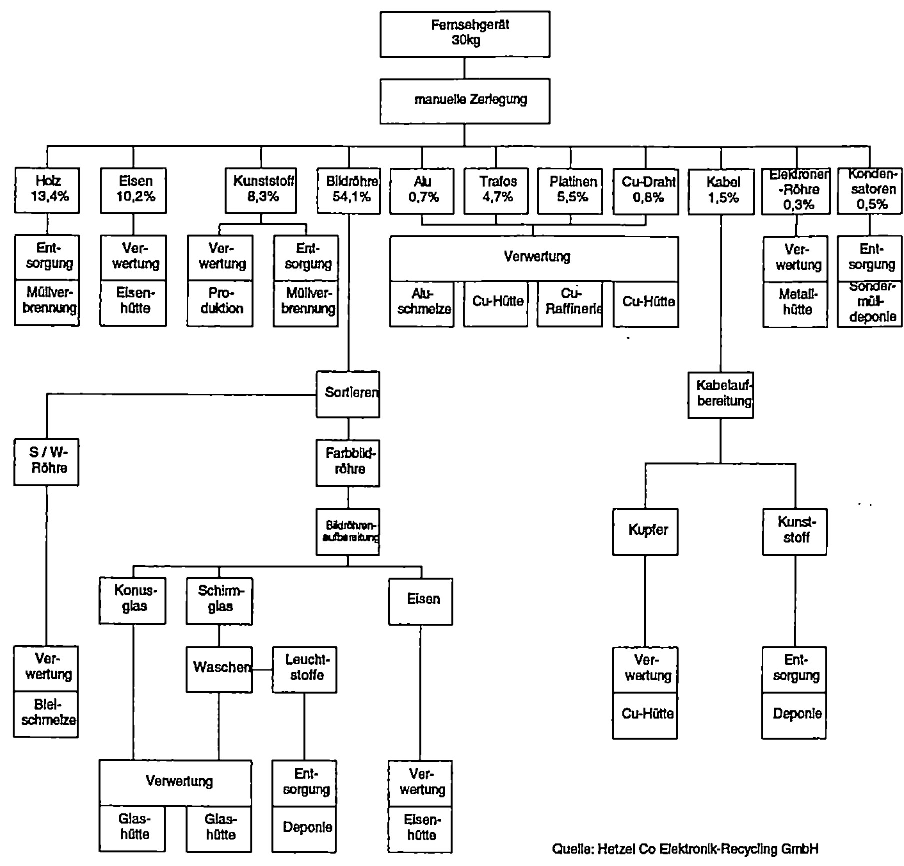

Abb. 5.2. Mögliche Stoffströme bei der Zerlegung von Fernsehgeräten

5.1.4 Sekundärrohstoffgewinnung

Für die Rückgewinnung der Metalle stehen die bekannten Verfahren in Metallhütten und Metallscheideanstalten zur Verfügung. Um eine mögliche Dioxin-
und Furanbildung im Verhüttungsprozeß zu vermeiden, ist es aber dringend
notwendig, den Metallschrott von allen halogen-organischen Anteilen zu be-
freien.

Ein Recycling der technischen Kunststoffe aus gebrauchten Elektro- und Elektronikgeräten[16] findet zur Zeit nur in sehr begrenztem Umfang statt. Der größte

---

[16] Der Verbrauch an Kunststoffen der (west-) deutschen Elektroindustrie betrug 1990
ca. 500.000 t.

Teil der anfallenden Reststoffe und Abfälle wird deponiert oder der Müllverbrennung zugeführt. Die Gründe für diesen Zustand sind:

- die große Vielfalt der in der Elektroindustrie eingesetzten Kunststoffe[17],
- die eingesetzten Kunststoffe sind in der Regel im Recyclingprozeß nicht untereinander verträglich,
- viele der eingesetzten Additive wie bromhaltige Flammhemmer machen ein Recycling durch die Gefahr der Dissipation von Schadstoffen unmöglich,
- eingesetzte Füllstoffe verändern den Dichtebereich der Kunststoffe, so daß bei einem auf Dichteunterschieden basierenden Trennverfahren (z. B. Schwimm-Sinkverfahren) aufgrund von Überlappungen keine zufriedenstellende Trennschärfe erreicht werden kann,
- Methoden zur sicheren Identifizierung (incl. Additive, Füll- und Verstärkungsstoffe) und sortenreinen Trennung der Kunststoffe sind derzeit großtechnisch noch nicht realisiert,
- Kunststoff-Metallverbunde (z. B. Metallbuchsen) erschweren die Aufarbeitung.

Für sortenrein getrennte Kunststoffe stehen die herkömmlichen werkstofflichen Verfahren wie Regranulation mit anschließender Extrusion zur Verfügung. Da sich wegen der oben angeführten Gründe die technischen Kunststoffe - die zudem noch stark verschmutzt und gealtert zur Verwertung anfallen können - für ein werkstoffliches Recycling nicht mehr eignen, sind verstärkt Wege des chemischen Recyclings (Rohstoffrecycling) untersucht worden. Hier sind zu nennen:

- Hydrolyse,
- Pyrolyse,
- Vergasung,
- Hydrierung.

Für all diese Verfahren sind die Entwicklungsarbeiten noch nicht abgeschlossen bzw. es existieren nur Anlagen im Technikumsmaßstab[18]. Großtechnische Ausführungen mit ausreichenden Kapazitäten für die Verwertung der Kunststofffraktionen aus dem Elektronikschrott sind daher in den nächsten Jahren kaum zu erwarten.

---

[17]   Eine beherrschende Fraktion mit einem Anteil von über 50%, wie sie die Polyolefine in den Kunststoffen des Hausmülls darstellen, ist nicht zu finden.

[18]   Die einzige bisher großtechnisch realisierte Pilot-Hydrierungsanlage Bottrop wird hauptsächlich für die Kunststoffabfälle des DSD genutzt. Versuche mit Elektronikschrott wurden bisher nicht gefahren.

5.2 Das Verfahren der Schleswag Recycling GmbH

Das Verfahren der Schleswag Recycling GmbH gliedert sich in die drei Stufen:

- Manuelle Schadstoffentfrachtung (sogenannter S-Betrieb),
- Physikalische Trennung (T-Betrieb) und
- Elektrochemische Metallrückgewinnung (MR-Betrieb).

Die in Brunsbüttel errichtete Anlage kann das gesamte Spektrum an Elektro- und Elektronikschrott, mit Ausnahme von Entladungslampen, aufarbeiten und hat einen Durchsatz von ca. 25.000 t pro Jahr [21].

Die zur Verwertung angelieferten Altgeräte werden zunächst manuell in die Fraktionen

- Metallgehäuse,
- Kunststoffgehäuse,
- Leiterplatten,
- Kabel,
- Bildröhren und
- schadstoffhaltige Bauteile

zerlegt. Bildröhren werden getrennt in einer mobilen Verwertungsanlage verwertet. Die schadstoffhaltigen Bauteile werden entsorgt. Geräte, die keine schadstoffhaltigen Bauteile enthalten, werden direkt, ohne Demontage, der physikalischen Trennung zugeführt. Der physikalische Trennbetrieb besteht aus vier stationären Zerkleinerungs- und Trennlinien für

- Leiterplatten (Durchsatz: 2t/h),
- Metall (Gehäuse) (Durchsatz: 5t/h),
- Kabel (Durchsatz: 1t/h) und
- Kunststoffe (Gehäuse) (Durchsatz: 1t/h).

Dadurch entfällt das zeitaufwendige Umstellen des Shredders auf das jeweilige Aufgabegut, das zum Erreichen eines angestrebten hohen Trenngrads des Aufgabegutes notwendig wäre.

Die Eingangstufe besteht aus einem für die entsprechenden Grobfraktionen und Geräte zugeschnittenen spezifischen Shredder. Die zerkleinerte Shredderfraktion jeder Linie wird über einen Magnetabscheider und einem Wirbelstromabscheider zur Abtrennung der Eisenmetalle und Nichteisenmetalle geführt. Anschließend wird in einer zweiten Zerkleinerungsstufe die Korngröße der Fraktion nochmals auf 0,5-1 mm vermindert und einer Lufttrennanlage zugeführt. Hier wird in Fein- und Schwergut getrennt. Das Feingut wird mittels eines elektrostatischen Separators in eine Metall- und Kunststofffraktion getrennt. Das Schwergut durchläuft erst eine Siebung, wird dann über einen Schwerkraftabscheider geführt und gelangt schließlich in einen der elektrostatischen Separatoren.

Die Linien sind untereinander vernetzt und können je nach Bedarf und Anforderung in entsprechender Reihenfolge der Zerkleinerungs- und Separiertechniken geschaltet werden.

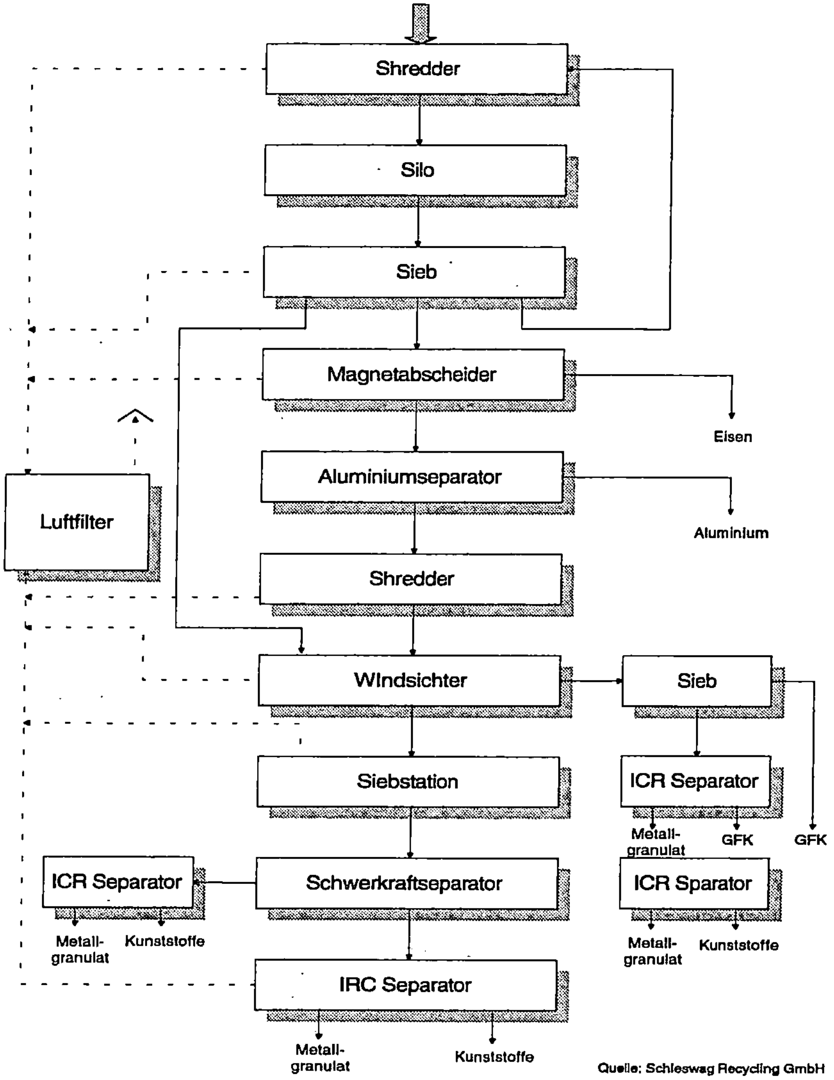

Abb. 5.3. Verfahrensschritte der physikalischen Zerkleinerung und Separierung des Schleswag-Verfahrens

Die aus dieser Stufe gewonnen Sekundärrohstoffe sind Eisenmetalle, Aluminium, Mischmetallgranulat, sortenreine Kunststoffe sowie Kunststoffgemische (aus PVC, PE, PC, ABS, Epoxyd- und Phenolharzen und Papier). Die Metalle, bis auf das Mischmetallgranulat, gehen in die entsprechenden Hütten. Die sortenreinen Kunststoffe werden an Spezialbetriebe zur Weiterverarbeitung gegeben. Flammhemmerhaltige Kunststoffe werden laut Schleswag einem chemischen Recycling (Hydrierung) zugeführt. Aus dem Mischkunstgranulat sollen Paletten oder Fußbodenbeläge hergestellt werden, allerdings darf man angesichts der Zusammensetzung[19] des Granulats Zweifel an der Qualität dieser Produkte haben.

Das Mischmetallgranulat wird in einer dritten Stufe - der elektrochemischen Metallrückgewinnung - weiter separiert. Dabei können Kupfer, Nickel und das Zinn-Blei-Gemisch elektrolytisch zurückgewonnen werden. Eine weitere Aufbereitung des verbleibenden Edelmetallgranulats ist in dieser Anlage oder in Scheideanstalten möglich.

Die gesamte Anlage ist gehäust und mit einem Abluftreinigungssystem ausgerüstet. Der entstehende Staub wird in Gewebefiltern zurückgehalten, organische Emissionen, wie z. B. ausgasende Phenole, werden über einen nachgeschalteten Aktivkohlefilter absorbiert. Das im Metallrückgewinnungsbetrieb benötigte Wasser wird mit einer Ionentauscheranlage, einer Membranelektrolyse und im Vakuumverdampfer behandelt. Das Prozeßwasser wird im Kreislauf gefahren.

Die Verwertungsrate soll nach Aussagen der Schleswag bis zu 95% betragen, wobei hier keine Angaben über die Qualität der gewonnenen Sekundärmaterialien gemacht werden (s.o.). Als Preise für die Verwertung werden z. B. 70 DM pro Fernsehgerät und 1,50 DM für eine bestückte Platine angegeben. Zusammen mit dem Erlös aus dem Verkauf der gewonnenen Wertstoffe soll die Anlage kostendeckend betrieben werden können. Die Schleswag Recycling GmbH plant, zusammen mit Lizenzpartnern ein bundesweit flächendeckendes Logistik- und Verwertungsnetz zu errichten. Um den angestrebten Verwertungsstandard zu halten werden die Betriebe der Lizenzpartner nach der Qualitätssicherungsnorm ISO 9000 zertifiziert.

5.3 Das Verfahren der Reichart-Dassler Elektronic Recycling GmbH

Im Gegensatz zu dem oben beschriebenen Verfahren wird bei dem Konzept der Firma Reichart der Shreddereinsatz auf ein Mindestmaß begrenzt und auf eine konsequente manuelle Zerlegung gesetzt. Damit soll einer Schadstoffverschleppung durch Downcycling vorgebeugt werden. Auch hier steht am Anfang wieder eine Zerlegung der Geräte in Grobfraktionen:

---

[19] Fünf verschiedene Sorten, die untereinander im Recycling (unterschiedlicher Schmelzpunkt) nicht verträglich sind (vgl. auch Tabelle zur Kunststoffverträglichkeit im Recycling der VDI-Richtlinie 2243)

- Eisen- und Metallschrott,
- Technische Kunststoffe,
- Leiterplatten,
- Stecker und Steckverbindungen,
- Kabel,
- Batterien,
- Glas (Bildröhren).

Diese Grobfraktionen werden nach unterschiedlichen Kriterien wie Stoffart, Recyclingmöglichkeit oder Schadstoffgehalt noch weiter in bis zu 70 Fraktionen separiert. Dabei erfolgt die Beseitigung von störenden Fremdstoffanteilen wie z. B. eingegossene Fremdmaterialien; bei den technischen Kunststoffen werden sogar anhaftende Aufkleber und Typenschilder entfernt. Die verwertbaren Fraktionen werden an die entsprechenden Weiterverarbeitungsbetriebe (Metallhütten, kunststoffverarbeitende Industrie) abgegeben.

Die Leiterplatten werden von allen Kondensatoren, Batterien und quecksilberhaltigen Bauteilen befreit. Die schadstoffentfrachteten Leiterplatten gehen nach einer Bemusterung und Qualitätskontrolle durch externe Probennehmer in die metallurgische Verhüttung zwecks Rückgewinnung der enthaltenen Buntmetalle. Die schadstoffhaltigen Bauteile werden mangels Aufarbeitungsmöglichkeiten unter Tage deponiert; Flüssigkristallanzeigen (LCD-Displays) werden in einer Sondermüllverbrennungsanlage verbrannt.

Die trotz hoher Demontagetiefe anfallenden Kunststoffgemische und flammhemmerhaltigen Kunststoffteile werden nach Zerkleinerung und Metallabscheidung thermisch verwertet.

Zusammen mit Kooperationspartnern, deren Qualitätsstandards vom TÜV zertifiziert werden, liegt der Jahresdurchsatz in den 7 Zerlegebetrieben und einem Verwertungszentrum bundesweit bei ca. 8.500 t. Die Entsorgungspreise variieren bei Anlieferung zwischen 1,50 DM und 6,50 DM/kg Elektronikschrott, je nach Geräteart. Für Fernseher wird ein Entsorgungspreis von 4,00 bis 6,50 DM/kg erhoben, für ein 30 kg schweres Gerät wären demnach 120,- bis 195,- DM zu zahlen.

Die beschriebenen Verfahren zeigen exemplarisch die beiden verfolgten Wege des Elektronikschrottrecyclings. Auf der einen Seite ein hoher mechanischer Aufwand mit entsprechendem Investitionsumfang, auf der anderen Seite eine sorgfältige manuelle Zerlegung mit hoher Demontagetiefe, die einen sehr kostenweil personalintensiven Schritt darstellt. Welche der beiden Vorgehensweisen sich letztendlich auf dem Markt etablieren wird, läßt sich zur Zeit nicht abschätzen. Der geringe Erlös aus dem Verkauf der durch das Elektronikschrottrecycling gewonnenen Fraktionen, der zur Zeit im Mittel bei 43 Pfennig pro verwertetes Gerät liegt[20], wird zu einer entsprechenden Rationalisierung der

---

[20] Mündliche Aussage von J. Schiemann im Rahmen des Vortrags „Demontage und Fraktionierung von elektrischen und elektronischen Altgeräten" auf dem VDI-

Verfahren führen oder sich in den zu entrichtenden Entsorgungspreisen niederschlagen.

5.4 Bildröhrenrecycling

Neben den aus Altgeräten stammenden Mengen an zu entsorgenden Bildröhren, fallen auch bereits bei der Produktion erhebliche Stückzahlen an Ausschuß-Bildröhren aufgrund unterschiedlichster Mängel an. Steigende Deponiepreise und sinkender Deponieraum sowie die Verschwendung von hochwertigen Rohstoffen verstärken die Bemühungen für eine Realisierung von Recyclingverfahren für Bildröhren.

Zur Zeit sind verschiedene verfahrenstechnische Konzeptionen in der Entwicklung, die teilweise in Pilotanlagen realisiert und erprobt werden. Der allgemeine Verfahrensablauf läßt sich in zwei Schritte untergliedern:

- Trennung bzw. Zerkleinerung der Bildröhre,
- Reinigung des Glases von Schadstoffen (Leuchtschicht).

Die Trennung von Schirm- und Konusglas kann zu Beginn des Recyclingprozesses oder in einer Trennstufe nach einer vorgeschalteten Zerkleinerung der Bildröhre erfolgen. Unabhängig von der Art der Trennung der Bildröhren wird eine der folgenden Reinigungstechniken zur Schadstoffentfrachtung, vor allem des Schirmglases, angewendet:

- Mechanische Trockenverfahren mit Bürsten, Strahlmitteln oder trockenen Mahlverfahren mit anschließender Schadstoffrückhaltung durch Abluftreinigung,
- Naßmechanische Verfahren ohne Waschchemikalienzusätze mit anschließender Schadstoffrückhaltung durch Prozeßwasseraufbereitung,
- Chemische Naßverfahren, teilweise mit Ultraschallunterstützung. Hier können die Schadstoffe durch die Wiederaufbereitung der eingesetzten Chemikalien entfernt werden.

Die einzelnen Verfahren der beiden Schritte können beliebig kombiniert werden. Die Vor- und Nachteile der unterschiedlichen Anlagenkonzeptionen sind in Tabelle 5.1 aufgeführt.

Seminar „Praxis der Elektronikschrottentsorgung - Aufbereitungsverfahren und Entsorgungswege" am 7./8. März 1994 in Duisburg.

Tabelle 5.1. Vorteile und Nachteile von Anlagenkonzepten zum Bildröhrenrecycling [22]

Verfahren	Vorteile	Nachteile
vorherige Trennung	bessere Verwertbarkeit der getrennten Gläser; anschließend schnellerer Prozeßablauf, da Metalle bereits separiert sind	Automatisierung schwierig; Personalkosten hoch; Arbeitsschutz problematisch
keine oder nachträgliche Trennung	Vollautomatischer Ablauf möglich, daher sehr kostengünstig	Sortenreinheit der Fraktionen eingeschränkt, Verwertbarkeit schwieriger
Trockenmechanisch	kein Abwasser	Aufwendige Kapselung und Abluftreinigung erforderlich; Arbeitsschutz bei manuellen Verfahren sehr problematisch
Naßmechanisch	Sehr gute, kontrollierbare Reinigungsleistung; Wasser kann im Kreislauf gefahren werden	Prozeßwasseraufbereitung erforderlich
Naßchemisch	geringer mechanischer Verschleiß	Regelmäßiger Wechsel der Chemikalien erforderlich; Umwelt- und Kostenproblem; nicht für alle Schirm- und Konusbeschichtungen geeignet

Nachfolgend sollen die beiden grundlegenden Unterschiede (Naß- oder Trockenverfahren) am Beispiel eines mechanischen Trockenverfahrens der Firma Vicor GmbH und eines Naßverfahrens der Firma Züblin dargestellt werden.

5.4.1 Verfahrensbeschreibung Trockenverfahren

Von den belüfteten Bildröhren werden Implosionsschutz, Spannrahmen und Systemhals mit der daran befestigten Strahlerzeuger-Einheit entfernt. In einer Demontageeinrichtung, die die Größe der Bildröhren automatisch erkennt und sich entsprechend anpaßt, werden die Röhren fixiert. Mit Hilfe eines elektrisch erhitzten Wolframdrahtes werden Konus- und Schirmglas getrennt. Durch das unterschiedliche Ausdehnungsverhalten unter Wärmeeinwirkungen entstehen mechanische Spannungen in der Bildröhre. Die Röhre reißt an der Verbindungsstelle der beiden Gläser und kann getrennt werden. Jetzt können Konusglas, Lochmaske und Schirmglas getrennt entnommen werden.
Die Leuchtstoffe des Schirmglases werden mit Bürsten und daran angeschlossenen Industriestaubsaugern entfernt und verbleiben in einem geschlossenen Behälter des Filtersystems als Gemisch.

Die Gläser sollen nach einer Zerkleinerung der Verwertung (z. B. Verhüttung[21]) zugeführt werden. Eine Entfernung der Eisenoxid-, Graphit- oder
Polymerbeschichtung des Konusglases ist nicht vorgesehen.

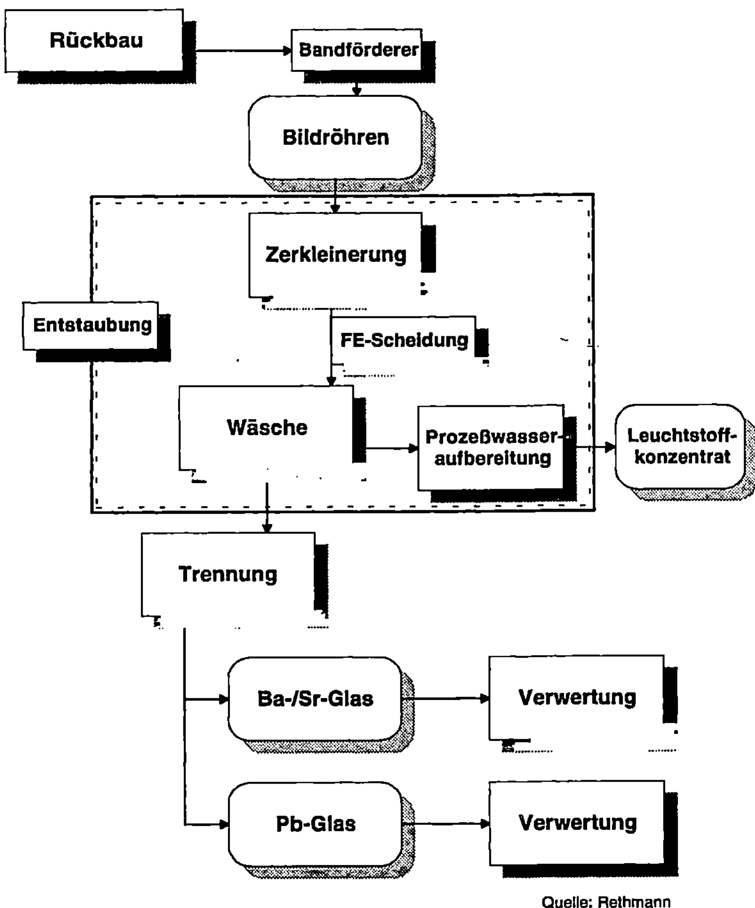

Abb. 5.4. Verfahrensschema des Bildröhren-Recycling nach Züblin

Die Preise für die Verwertung von Bildröhren für das Geschäftsjahr 1994
schwanken je nach Art und Zustand der Lieferung zwischen 2,65 DM/kg (S/W-

---

[21]   Mit bis zu 21 Gew.-% besitzt das Konusglas einen höheren Bleigehalt als in der
Natur vorkommendes Bleiglanz (PbS) und stellt somit einen wertvollen Einsatzstoff
für Bleihütten dar.

Bildröhren bzw. Mischlieferung) und 0,80 DM/kg (Farbbildröhren mit 70 cm Bildschirmdiagonale).

Die Kapazität der Anlage beträgt je nach Typ zwischen 40.000 bis 200.000 Bildröhren pro Jahr.

5.4.2 Verfahrensbeschreibung Naßverfahren

Die demontierten und mittels eines Laserstrahls belüfteten Bildröhren werden über ein Band der ersten Stufe zugeführt. In dieser Zerkleinerungsstufe, die zur Vermeidung von Lärm- und Staubemissionen gekapselt ist, werden die Bildröhren auf eine Korngröße < = 120 mm gebracht.

Nach Abscheidung der Eisenmetalle erfolgt in der zweiten Stufe die Zuführung der Scherben zu einem Wäscher, in dem die Leuchtschicht von den Scherben entfernt wird. Nach Angaben des Herstellers werden bei diesem Verfahren auch die Beschichtungen des Konusglases entfernt, so daß klare Glasscherben entstehen. Es handelt sich hierbei um einen rein mechanischen Prozeß, ohne den Zusatz von Waschchemikalien. Die im Prozeßwasser enthaltenen Feinschlämme werden in einer nachgeschalteten Prozeßwasseraufbereitung abgetrennt und als Sonderabfall entsorgt.

In einer dritten Stufe der Bildröhren-Aufbereitung können die beiden Glasfraktionen der Bildröhren, Schirm- und Konusglas, optional mittels geeigneter Sortierverfahren getrennt werden. Dabei entsteht eine Fraktion mit ca. 90% Schirmglas-Anteil (bleiarm) und eine Fraktion Mischglas. Auch eine vorgeschaltete Trennung von Schirm- und Konusglas, wie beim Vicor-Verfahren, ist möglich, erfordert aber einen chargenweisen Betrieb der Anlage. Das gewonnene Sekundärmaterial entspricht den an Baustoffe gestellten Prüfkriterien RCL 1 und RCL 2. Die Kapazitäten schwanken je nach Auslegung der Anlage zwischen 150.000 bis 300.000 Bildröhren pro Jahr.

Die Kosten des Verfahrens werden mit 3,75 DM pro Bildröhre angegeben.

Aufgrund der oben beschriebenen unterschiedlichen Zusammensetzungen und Rezepturen der Gläser ist der Wiedereinsatz des schadstoffentfrachteten Glases als Ausgangsmaterial für neue Bildröhren nur in geringem Umfang möglich. Hier wäre eine Vereinheitlichung der vorhandenen Vielfalt der chemischen Zusammensetzung der Gläser dringend geboten. So wird dagegen das wiedergewonnene Glas heute als Verfüllungsmaterial für Untertagestollen oder als prozentualer Zuschlagstoff in der Keramik- und Glasindustrie, sowie in der Bleiverhüttung eingesetzt. Der Einsatz in der Baustoffherstellung ist noch umstritten, da über die Eluierbarkeit der im Glas enthaltenen Schwermetalle unterschiedliche Aussagen bestehen. So kommen Analysen zu dem Ergebnis, daß das Eluat nicht die Anforderungen für eine Ablagerung der Gläser auf Hausmülldeponien erfüllt.

5.5 Grenzen des Elektronikschrottrecyclings

Betrachtet man unter Berücksichtigung der in Abschn. 6.3 genannten Qualitätskriterien für ein sinnvolles Recycling die Gestaltung der elektrischen und elektronischen Produkte, so zeigen sich die Grenzen des derzeitigen Recyclings. · Gemessen an dem hohen verfahrenstechnischen Aufwand und Energieeinsatz muß das Ergebnis des Gesamtprozesses als nicht befriedigend bezeichnet werden:

- Die Recyclingverfahren führen - je nach Werkstoff - zu einer mehr oder weniger starken Produktdegradation. Der Anteil an Werkstoffen die sich auf hohem qualitativen Niveau wieder in den Stoffkreislauf zurückführen lassen ist gering.
- Für das Recycling von Verbundstoffen und Gemischen muß erhebliche zusätzliche Energie aufgebracht werden, die unter Umständen ein Recycling unökonomisch und ökologisch fragwürdig macht.
- Verunreinigungen mit Fremdstoffen, das Einschleppen bzw. die Verschleppung von umweltgefährdenden Stoffen kann ein ansonsten ökologisch sinnvolles Recycling ins Gegenteil verkehren.
- Auftretende Probleme mit dem Arbeitsschutz aufgrund möglicher Gefährdungen des Zerlegepersonals durch problematische Inhaltsstoffe.
- Die Entsorgung nicht verwertbarer Fraktionen kann zu erheblichen Umweltbelastungen führen. Abb. 5.5 zeigt schematisch die möglichen *Umweltauswirkungen*, die bei einem Recycling von Elektronikschrott entstehen können.

Im einzelnen lassen sich folgende Merkmale identifizieren, die eine Verwertung von komplexen Gebrauchsgütern erschweren (vgl. auch [23]):

- Komplexer Aufbau
  Die große Anzahl von Bauteilen und Baugruppen und ein steigender Anteil elektronischer Komponenten sowie schwierig und kaum zerstörungsfrei lösbare Verbindungen zwischen den Systemteilen (z. B. durch Verschweißungen, Verklebungen, Beschichtungen) machen eine Demontage i. d. R. nicht wirtschaftlich realisierbar.
- Werkstoffe
  Die große Werkstoffvielfalt, der Einsatz von Verbund- und Spezialwerkstoffen, Zusätze zu den Werkstoffen (Flammhemmer, Stabilisatoren, Weichmacher, Biozide etc.) erschweren die sortenreine Trennung oder verhindern gänzlich eine Verwertung. Oftmals sind die verwendeten Werkstoffkombinationen im Recyclingprozeß nicht miteinander verträglich.
- Elektronik
  Die Elektronik als Stoffgemisch mit einer Vielzahl chemischer Substanzen - oftmals mit einem Schadstoffpotential - ist nur begrenzt verwertbar. Der abnehmende Anteil an Edelmetallen senkt zusätzlich den wirtschaftlichen Anreiz zu einer Verwertung.

− Problemstoffe
  Die Verwendung einer Vielzahl an Stoffen mit umwelttoxischem bzw. gesundheitsgefährdendem Potential (z. B. Bromverbindungen, Cadmium, Blei,
  Quecksilber) führen zu Problemen bei der Produktion (Arbeitsschutz),
  während der Gebrauchsphase (z. B. Ausdunstung von Flammhemmern) sowie
  bei der Entsorgung (siehe Abb. 5.5).

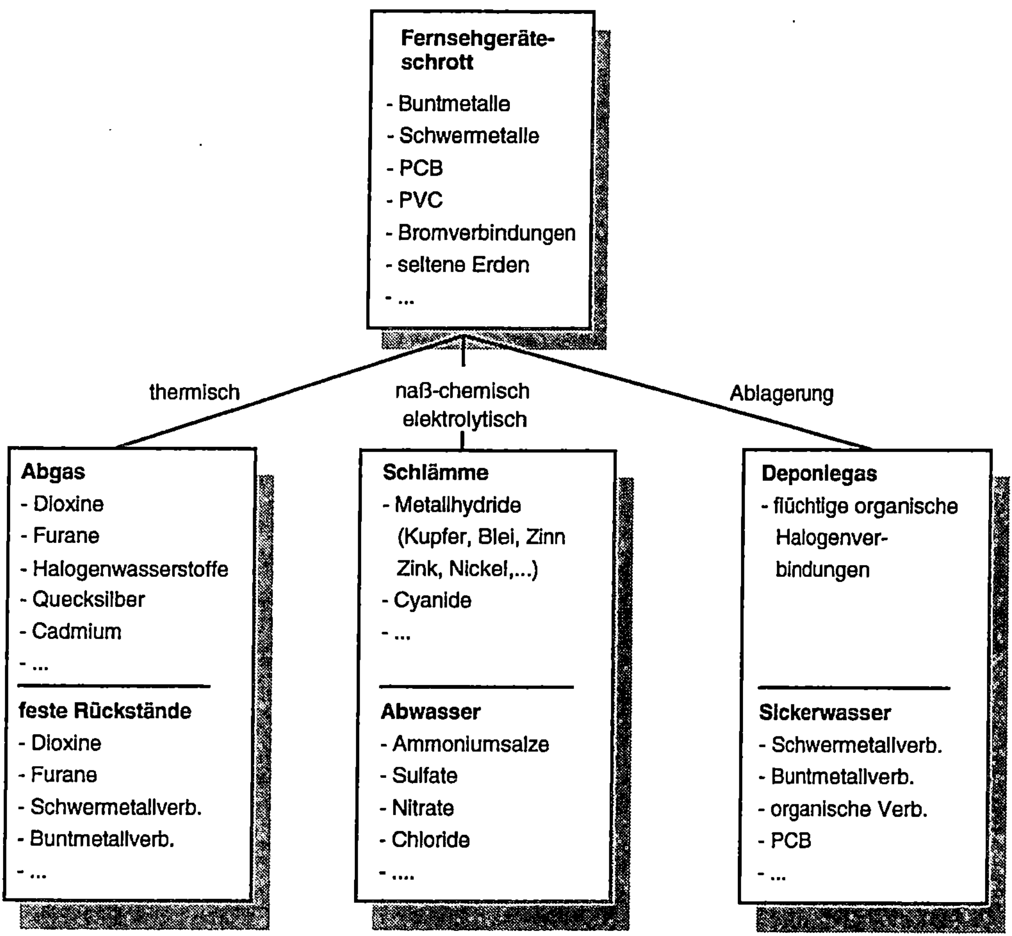

Abb. 5.5. Umweltauswirkungen des Recyclings von Elektronikschrott [nach Ewen]

Tabelle 5.2 faßt die wichtigsten Problemstoffe zusammen und ordnet diese den Bauteilen elektrischer und elektronischer Produkte zu.

Viele dieser Merkmale führen dazu, daß eine Wieder- und Weiterverwendung von Bauteilen oder Werkstoffen oder eine stoffliche Verwertung der Altgeräte und somit Rückführung der Wertstoffe in industrielle Stoffkreisläufe, weitestgehend unmöglich ist. Dies trifft ebenso auf die meisten der heute produzierten und verkauften langlebigen Gebrauchsprodukte zu, deren Entsorgung erst in 10 oder 15 Jahren ansteht.

Tabelle 5.2. Problemstoffe in komplexen Produkten

Stoffe	Vorkommen
Antimon	Lotwerkstoffe; Gehäuseteile aus Kunststoff als Pigment; Dotierungen bei Mikrochips
Antimontrioxid	Platinen, Kabel, Gehäuseteile aus Kunststoff zur Flammhemmung; Bildschirme
Arsen	Dotierungen bei Mikrochips; Bildschirme
Asbest	Isolatoren
Barium	Schirmglas (Bildschirme)
Beryllium	Bildschirme
Blei (Bleioxid)	Lotwerkstoffe; Elektrodenmaterial in Akkumulatoren; Bildschirme
Bromhaltige Flamm-schutzmittel	Kunststoffteile in Gehäusen; Leiterplatten; Schalter; Stecker
Cadmium	Lotwerkstoffe; Gehäuseteile aus Kunststoff; Akkumula-toren; Elektroden; galvanisch beschichtete Stahlbleche
Cadmium-Verbindungen	Bildschirme; Halbleiter
Chrom	Widerstände; Leiter; Bildschirme
Chrom-Verbindungen	Bildschirme
Fluorchlorkohlenwasser-stoffe	Kunststoffschäume in Isolationsschichten
Gallium und Gallium-Ver-bindungen	Halbleiter
Germanium und Germa-nium-Verbindungen	Halbleiter
Indiumantimonid	Halbleiter
Kupfer	Spulen; Transformatoren; Kabel; Widerstände; Mikro-chips; Ablenkeinheit (TV)
Kupfer-Verbindungen	Bildschirme
Nickel	Gehäuseteile aus Kunststoff als Pigment; Akkumula-toren; Magnete; Widerstände;
Polychlorierte Biphenyle (PCB)	Dielektrikum in Kondensatoren
Polyvinylchlorid (PVC)	Kabelummantelungen; Gehäuseteile
Quecksilber	Relais; Quecksilberoxid- und Alkali-Mangan-Batterien, Zinkkohlebatterien; Leuchtstofflampen
Seltene Erden-Sulfide	Leuchtstoffe (Bildschirme)
Tantal	Elektrodenmaterial in Akkumulatoren; Widerstände, Leiter; Bildschirme
Wismut-Verbindungen (Wismutoxid)	Bildschirme
Zink	Elektrodenmaterial in Akkumulatoren
Zinksulfid	Leuchtstoff (Bildschirme)
Zinn	Lotwerkstoffe; Bildschirme

Quellen: [23, 24, 25]

6 Anforderungen an eine umweltfreundliche Produktgestaltung

6.1 Zielbestimmung und Begriffe

6.1.1 Zielhierarchie

Grundsätzlich ist für alle Phasen des *Produkt-Lebenszyklus* "Rohstofferschließung, Vorproduktion, Produktion, Distribution, Nutzungsphase, Entsorgung" die Zielhierarchie Vermeiden, Vermindern, Wiederverwenden, Weiterverwenden, Wiederverwerten, Weiterverwerten, schadstoffarm Beseitigen anzuwenden.

Die wichtigsten Ziele für alle Lebenszyklus-Phasen eines Produktes sind zweifellos die Vermeidung und Verminderung eines hohen Stoff- und Energieeinsatzes, einer großen Anzahl verschiedener Stoffe sowie vieler und kritischer Schadstoffe. Grundsätzlich läßt sich hierbei von der einfachen Logik ausgehen, daß jede nicht eingesetzte Stoff- und Energiemenge, jede Verringerung von Vielfältigkeit der Stoffarten sowie von Schadstoffen, Ressourcen schont und die Ökosysteme weniger belastet. In dieser Hinsicht sind auch Strategien der Wiederverwendung und Weiterverwendung von Produkten und Produktteilen hoch zu bewerten. Die in der Gestaltungshierarchie von Produkten der Vermeidung und Verminderung nachgeordneten Ziele Wiederverwendung, Weiterverwendung, Wiederverwertung und Weiterverwertung sollten tendenziell so angewandt werden, daß der Entropieanstieg im gesamten Lebenszyklus möglichst minimiert bzw. der Stofffluß einer Kreislaufführung so weit wie möglich angenähert wird. Erst wenn die technischen, organisatorischen, ökonomischen und sozialen Möglichkeiten und Innovationen ausgeschöpft sind, ist die Gestaltung ökologischer Produkte auf die schadstoffarme Beseitigung der Reststoffe zu konzentrieren.

Um die Zielhierarchie optimal erfüllen zu können, muß die ökologische Gestaltung von Produkten ganz neu ansetzen und die Umweltauswirkungen schon in die Produktidee und Produktkonzeption einbeziehen. [26] Das gilt insbesondere auch für die Phase nach dem Produktgebrauch. Der Konstrukteur und die Unternehmen müssen sich somit bewußt werden, daß ökologische Produktgestaltung grundlegende Änderungen der Produktkonzeptionen und Verfahrensabläufe bedingt. Bei Wahrung funktionaler, gebrauchsorientierter, sicherheitstechnischer, ästhetischer und ökonomischer Standards müssen in Zukunft die ökologischen Standards zusätzlich berücksichtigt werden [27]. Schon heute kann aber gesagt werden, daß es zur ökologischen Produkt- und Verfahrensgestaltung und zum Konstruieren recyclinggerechter Produkte keine Alternative gibt, wenn das Ressourcen- und Umweltbelastungsproblem industrieller Produktion gelöst werden soll.

6.1.2 Begriffe und Definitionen

Wegen ihrer Bedeutung und systematischen Klarheit wird hier für einige wesentliche Begriffe und Gestaltungsprozesse die VDI-Richtlinie 2243 „Konstruieren recyclinggerechter technischer Produkte" herangezogen [22]. Dort finden sich u. a. folgende Definitionen:

— *Recycling* ist die erneute Verwendung oder Verwertung von Produkten oder Teilen von Produkten in Form von Kreisläufen.
— *Recycling während des Produktgebrauchs* ist unter Nutzung der Produkt-gestalt die Rückführung von gebrauchten Produkten nach oder ohne Durch-lauf eines Behandlungsprozesses - z. B. Aufarbeitungsprozesses - in ein neues Gebrauchsstadium (Produktrecycling).
— *Produktionsabfall-Recycling* ist die Rückführung von Produktionsabfällen sowie Hilfs- und Betriebsstoffen nach oder ohne Durchlauf eines Behand-lungsprozesses - d. h. Aufbereitungsprozesses - in einen neuen Produktions-prozeß (Materialrecycling).

   Die Recycling-Kreisläufe können auch mehrmals durchlaufen werden. Zum Beispiel wird man anstreben, ein Produktrecycling so oft zu wiederholen, wie es technisch machbar und wirtschaftlich interessant ist, ehe man auf ein Materialrecycling mit niedrigerem Wertniveau übergeht.

Für die verschiedenen Gestaltungsformen und -prozesse gibt die VDI-Richtlinie 2243 die folgenden Begriffsbestimmungen und Behandlungsweisen an:

— Die *Verwendung* ist durch die (weitgehende) Beibehaltung der Produktgestalt gekennzeichnet. Diese Recyclingform findet also auf hohem Wertniveau statt und ist deshalb anzustreben.
— Die *Verwertung* löst die Produktgestalt auf, was zunächst mit einem größeren Wertverlust verbunden ist.
— *Wiederverwendung* ist die erneute Benutzung eines gebrauchten Produkts (Altteils) für den gleichen Verwendungszweck wie zuvor unter Nutzung seiner Gestalt ohne bzw. mit beschränkter Veränderung einiger Teile.

---

22 VDI-Richtlinie 2243, vgl. Anm. 9.

– *Weiterverwendung* ist die erneute Benutzung eines gebrauchten Produkts (Altteils) für einen anderen Verwendungszweck, für den es ursprünglich nicht hergestellt wurde. Sie kann unter Nutzung der Gestalt ohne bzw. mit beschränkter Veränderung des Produkts erfolgen. Dabei kann die erneute Benutzung für einen anderen (bestimmten) Verwendungszweck bereits bei der Herstellung des Produkts berücksichtigt worden sein.

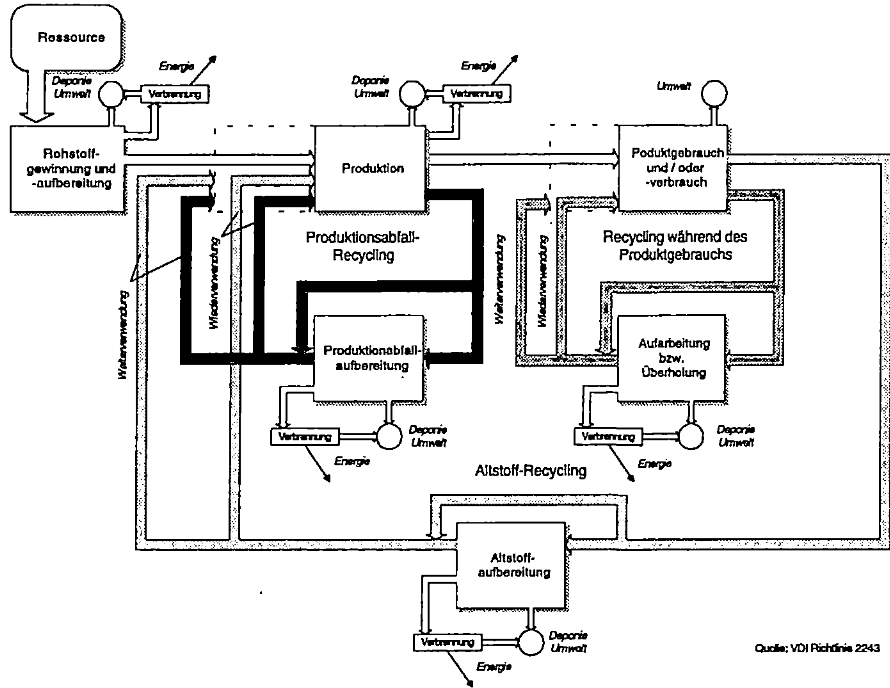

Abb. 6.1. Recyclingmöglichkeiten nach VDI-Richtlinie 2243

– *Wiederverwertung* ist der wiederholte Einsatz von Altstoffen und Produktionsabfällen bzw. Hilfs- und Betriebsstoffen in einem gleichartigen wie dem bereits durchlaufenen Produktionsprozeß. Durch Wiederverwertung entstehen aus den Ausgangsstoffen weitgehend gleichwertige Werkstoffe.

– *Weiterverwertung* ist der Einsatz von Altstoffen und Produktionsabfällen bzw. Hilfs- und Betriebsstoffen in einem von diesen noch nicht durchlaufenen Produktionsprozeß. Durch Weiterverwertung entstehen Werkstoffe oder Produkte mit anderen Eigenschaften (Sekundärwerkstoffe) und/oder anderer Gestalt. Hierzu gehört auch das chemische Recycling von Kunststoffen.

Auch innerhalb eines Recycling-Kreislaufs kann eine Recyclingform mehrmals angewendet werden, ehe man evtl. die andere Recyclingform durchführt oder zum Kreislauf mit niedrigerem Wertniveau übergeht (Down-Recycling).

Tabelle 6.1 enthält zu den einzelnen Gestaltungszielen (Recyclingformen) die Behandlungsprozesse, Behandlungsschritte sowie Produktbeispiele und Sekundäranwendungen:

Tabelle 6.1. Beispiele zum Recycling (Quelle: VDI-Richtlinie 2243)

Recycling während des Produktgebrauchs / Produktrecycling (Gestalt bleibt erhalten)				
Recyclingform	*Behandlungsprozeß*	*Behandlungsschritte*	*Beispiel*	*Sekundäranwendung*
Wiederverwendung	--	keine	Nachfüllverpackung	gleiche Anwendung
			Schulbuchtausch	
	Aufarbeitung	Reinigen	Mehrwegverpackung	
		Prüfen	Wartung	
		Zerlegen	Kfz-Austauschmotor	
		Bearbeiten	Reifenrunderneuerung	
		Neubestücken	Instandsetzung	
Weiterverwendung	--	keine	Einkaufstüte	Müllbeutel
	Umarbeitung	Reinigen	Senfglas	Trinkglas
			Joguhrtbecher u. a.	Tiefkühlbox
		Bearbeiten	Eisenbahnschwelle	Zaunpfahl
		Neumontieren	Altreifen	Kinderschaukel
Produktionsrecycling - Altstoffrecycling / Materialrecycling (Gestalt wird aufgelöst)				
Recyclingform	*Behandlungsprozeß*	*Behandlungsschritte*	*Beispiel*	*Sekundäranwendung*
Wiederverwertung	--	keine	Umschmelzen von Angüssen in Produktion	gleiche Anwendung
	Aufbereitung	sortenreines Trennen und Klassifizieren	Metallschrotte: Drehspäne, Edelmetalle, ...	
		Zerkleinern Reinigen Umschmelzen	Thermoplaste: Angüsse, Flaschenkästen, ...	
			Glas: Scherben, Weißglas	
Weiterverwertung	--	keine	Stanzabfälle	Balastgewicht
			Teer aus Kokerei	Asphalt
	Aufbereitung	Richten und Stanzen	Stanzabfälle	Kleinteile
		Trennen	Automobilschrott	Baustahl
		Zerkleinern Reinigen	gemischte Kunststoffe	Schallschutzwand
		Neuabmischen Umschmelzen Füllen	Kunststoffbatteriegehäuse Schlacke aus Stahlherstell. Duromerabfälle Elastomerabfälle Schaumstoffabfälle	Innenkotflügel, Zementzusatz, Kunstst.-Füllstoff, Sportbelagzusatz, Partikelverbund
	Chemisches Recycling	Pyrolyse / Hydrolyse, Elektrolyse / Lösung	Altkunststoffe und Altöl zu hochwertigen Derivaten aufspalten	neue Polymerisation von Kunststoffen

6.2 VDI-Richtlinien zur Produktgestaltung

Wichtige Grundlagen für die ingenieurtechnische Ausführung ökologischer und speziell verwertungsorientierter Anforderungen an die Entwicklung, Konstruktion und praktische Gestaltung von Produkten und Produktionsverfahren enthalten die einschlägigen Richtlinien des VDI. Hierfür sind in erster Linie zu nennen:

- VDI 2221 "Methodik zum Entwickeln und Konstruieren technischer Systeme und Produkte",
- VDI 2232 "Methodische Auswahl fester Verbindungen; Systematik, Konstruktionskataloge, Arbeitshilfen",
- VDI 2243 "Konstruieren recyclinggerechter technischer Produkte. Grundlagen und Gestaltungsregeln."

Während die VDI 2221 und VDI 2232 noch weitgehend auf die Gebrauchstauglichkeit und Funktionsfähigkeit der Produktentwicklung und -gestaltung ausgerichtet sind, stellt der neue Entwurf zur VDI 2243 zusätzlich auf die Kriterien Wiederverwendung, Weiterverwendung, Wiederverwertung und Weiterverwertung ab. Im wesentlichen nach dieser Zielhierarchie behandelt die Richtlinie drei Bereiche:

- Recycling bei der Produktion,
- Recycling während des Produktgebrauchs,
- Recycling nach Produktgebrauch.

Recycling ist nach VDI 2243 "die erneute *Verwendung* oder *Verwertung* von Produkten oder Teilen von Produkten in Form von *Kreisläufen*".

Für die drei genannten Recycling-Bereiche werden nun jeweils die Zielsetzungen, die verschiedenen werkstofftechnischen Grundlagen sowie Aufbereitungsverfahren für Metalle und Kunststoffe detailliert dargestellt. Darüber hinaus werden zahlreiche Regeln für den Konstrukteur angegeben und in Form von Empfehlungen und Anregungen für die Umsetzung in konkretes technisches und organisatorisches Handeln systematisch aufbereitet. Eine Reihe wichtiger Ablaufdiagramme für die Entwicklungs- und Konstruktionsprozesse, für Recyclingverläufe und Recyclingformen, über Regeln, Maßnahmen und Verfahren zur Produktgestaltung (z. B. Demontageprinzipien, demontagegerechte Fügestellen, recyclinggerechte Verbindungselemente), zur Struktur eines Klassifikationssystems zur Kennzeichnung der Recyclingeigenschaften von Produktelementen oder Beispiele für den Aufbau einer Werkstoff-Verträglichkeitsmatrix für Aluminium sowie für häufig verwendete Kunststoffe, geben praktische Hinweise für die ingenieurtechnische verwertungsorientierte Produktgestaltung. Die VDI-Richtlinie 2243 ist insofern ein unverzichtbares Arbeitsmittel für jeden Konstrukteur, der sich mit ökologischer Produktentwicklung beschäftigt.

Die VDI 2243 gibt aber nicht für alle Aspekte einer entsorgungsfreundlichen Produktgestaltung operationale oder gar ingenieurtechnische Antworten. Dies liegt einerseits daran, daß ihre Zielvorgaben von vornherein begrenzter sind, wobei insbesondere Vermeidungs- und Verminderungsaspekte noch nicht hinreichend aufgenommen werden konnten. Weiterhin eröffnen die ökologische Produktgestaltung einen weiten Ideen-, Konzeptions- und Gestaltungs-Möglichkeitsraum, der kaum jemals in einer ingenieurtechnischen Richtlinie systematisch zu erfassen sein wird.

6.3 Prinzipien und Kriterien

Um die umweltgerechte Produktgestaltung operational zu machen, wurde ursprünglich ein systemanalytischer Ansatz angedacht. Aufbauend auf den entsorgungspolitischen Zielvorstellungen des Abfallgesetzes sollte ein Bewertungssystem entwickelt werden, das Kriterien und Maßstäbe für den Grad der Entsorgungsfreundlichkeit zusammenfaßt. Die Systembewertung sollte mit Hilfe eines eindimensionalen Skalierungsverfahrens erfolgen: Der Punktebetrag jedes Kriteriums sollte separat ermittelt und aufaddiert werden bis der Grad der Entsorgungsfreundlichkeit in Form von dimensionslosen Punkten bestimmt ist. Dieser Ansatz hat sich allerdings als unzweckmäßig erwiesen. Die Hierarchisierung grundsätzlich unterschiedlicher Umweltkriterien durch Gewichtungen ist nicht ohne weiteres objektiv bestimmbar und, wenn erst einmal eine eindimensionale Bewertung vorliegt, auch schwer nachvollziehbar. Diese Einschätzung entspricht auch den Ergebnissen der inzwischen erfolgten Diskussion über Produkt-Ökobilanzen. Das "memorandum of understandig" zur Ökobilanzierung des Deutschen Instituts für Normung erteilt "allen Bemühungen, die in der Sachbilanz erhobenen unterschiedlichen Fluß- und Bestandsgrößen zu aggregieren und als Index zu quantifizieren, auf Grund der generell nicht zu lösenden Gewichtungen unterschiedlicher Umweltbelastungen eine Absage" [28].

Aus diesen Gründen haben wir zur entsorgungsfreundlichen Produktgestaltung eine problemlösungsorientierte Vorgehensweise und eine verbal-qualitative Bewertung verfolgt. Zur Orientierung wurden Handlungs- und Konstruktionsprinzipien in Form einer Checkliste erstellt und im Zuge des Forschungs- und Entwicklungsprogramms spezifiziert. Neben der Entsorgungsfreundlichkeit wurden weitere wichtige ökologische Aspekte wie die Energie- und Ressourcenminimierung oder Schadstoffarmut berücksichtigt. Die Checkliste umfaßt folgende Prinzipien und Kriterien [29]:

– *Design für dauerhafte Produkte*
Die Dauerhaftigkeit kann durch langlebig konzipierte Güter und durch eine Produktdauerverlängerung erhöht werden.

- Langlebig konzipierte Produkte: Verschleiß ist möglichst auszuschalten, zumindest zu minimieren. Jedes Produkt bzw. Produktteil ist so zu konstruieren, daß es möglichst wenig korrodiert bzw. gegen Korrosion geschützt werden kann.
- Produktdauerverlängerung: Eine Verlängerung der Produktdauer wird erzielt, indem die Produkte und deren Bauteile so gestaltet sind, daß sie problemlos gereinigt, gewartet und repariert (Instandhaltung) werden können. Darüber hinaus ist eine Aufarbeitung prinzipiell wiederverwendbarer Produkte bzw. Bauteile zu ermöglichen.
- *Recyclinggerechte Konstruktion*

  Die in ausgemusterten Produkten enthaltenen Materialien sollen als Werkstoffe gleicher Qualität wiederverwertet, und wenn dies nicht möglich ist, als Werkstoffe mit modifizierten Eigenschaften weiterverwertet werden. Anzustreben sind daher Sekundärwerkstoffe ohne Qualitätseinbußen gegenüber Primärwerkstoffen. Dies bedeutet, daß das Produkt, die für die jeweilige Verwertungstechnologie und Qualitätsstufe verträgliche Altstoffmischung einhalten oder in recycling-verträgliche Produktteile zerlegbar sein muß. Der Konstrukteur oder Designer muß daher bei der Produktentwicklung das Recycling der Werkstoffe nach Gebrauchsende miteinbeziehen. Dies erfordert die Einplanung eines geeigneten Recyclingweges. Gemäß der VDI-Richtlinie 2243 'Konstruieren recyclinggerechter technischer Produkte' ergeben sich folgende Gestaltungsregeln:
  - Werkstoffauswahl: Grundsätzlich sind wieder- und weiterverwertbare Werkstoffe einzusetzen.
  - Geringe Materialvielfalt: Produkte oder Bauteile, sollten nach Möglichkeit aus nur einem Material bestehen, da sie dann am einfachsten zu verwerten sind. Ansonsten sollte eine möglichst niedrige Werkstoffanzahl angestrebt werden.
  - Werkstoff-Verträglichkeit: Wenn Produkte oder Bauteile aus mehreren Werkstoffen zusammengesetzt sind, sollte darauf geachtet werden, daß die nicht trennbaren Werkstoffkombinationen beim Recycling verträglich sind (Altstoffgruppen). Beispielsweise kann für Kunststoffe die Werkstoffverträglichkeitsmatrix nach VDI 2243, für Stahl die Stahlschrottliste dienen .
  - Recyclinggerechte Modifikationen von Systemteilen und Werkstoffen: Korrosionsschutzmittel, Farben, Kunststoffbeschichtungen, Antistatika, Stabilisatoren, Weichmacher, Biozide oder Dotierungsmaterialien sollten unter dem Gesichtspunkt der Recyclingverträglichkeit der Werkstoffe (sowie ihres Schadstoffpotentials) ausgewählt werden.
  - Zerlegungsgerechte Konstruktion: Das Produkt sollte leicht demontierbar, die verwertbaren Bauteile problemlos erreichbar sein. Hierzu bedarf einer leicht lösbaren Verbindungstechnik (z. B. Kraft-, Formschluß). Andernfalls sollten Verbindungstechniken gewählt werden, die, ohne nennenswerte Schädigung der gefügten Bauteile, leicht zerstörbar sind.

- Geringe Bauteileanzahl: Eine niedrige Anzahl von Bauteilen führt zu einer günstigeren Demontagezeit.
- Kennzeichnung: Werkstoffe sollten leicht zu identifizieren sein, indem die Werkstoffe mit einer gut sichtbaren, nicht entfernbaren Kennzeichnung versehen sind. Diese sollte bei Kunststoffen nach DIN 54 840 oder ISO 11 469 erfolgen. Dabei geht es auch um die Kennzeichnung der Flammschutzausrüstung sowie weiterer Stoffe mit einem gesundheits- oder/und gesundheitsgefährdendem Potential. Insbesondere sind die Stoffe zu kennzeichnen, die bei der Aufbereitung, Verwertung oder Entsorgung problematisch sind (z. B. Frigen in Kühlaggregaten, Kühlöl in Transformatoren).

- *Sparsamer Einsatzes nicht erneuerbarer Ressourcen (Ressourcenschonung)*
  Ressourcen sollten generell möglichst sparsam eingesetzt werden. Im einzelnen geht es hierbei um
  - einen niedrigen Materialeinsatz pro Produkt oder Bauteil (Ressourceneffizienz) unter Berücksichtigung der Funktion,
  - die Nutzung von Werkstoffen, die mit wenig Energieaufwand hergestellt werden,
  - die Substitution nicht erneuerbarer Rohstoffe durch erneuerbare Ressourcen,
  - die Verwendung von aufgearbeiteten Bauteilen und Sekundärwerkstoffen.

- *Reduzierung des Energieverbrauchs und des Einsatzes von Betriebsmitteln*
  Gerade in der Gebrauchsphase entstehen bei Produkten, die Energie oder Betriebsmittel (Wasser, Chemikalien, Waschpulver etc.) benötigen, immense Umweltbelastungen.
  - Die Gestaltung der Produkte sollte daher einen sparsamen Einsatz von Energie, Wasser sowie von Betriebsmitteln beim Produktgebrauch vorsehen.

- *Minimierung von umwelt- und gesundheitsgefährdenden Stoffen*
  Die Umweltproblematik von Produkten ist nicht zuletzt auf eine Vielzahl von Stoffen mit einem umwelt- und gesundheitsgefährdendem Potential zurückzuführen. Problemstoffe, die speziell in elektrischen oder ektronischen Produkten enthalten sein können, sind vor allem flammhemmende Mittel auf Halogenbasis bzw. Antimontrioxid, Fluorchlorkohlenwasserstoffe (FCKW), polychlorierte Biphenyle (PCB), Polyvinylchlorid (PVC), Asbest und mehrere Schwermetalle (Quecksilber, Blei, Cadmium etc.).
  - Bei der Auswahl der Werkstoffe ist darauf zu achten, daß die Werkstoffe keine Gefährdung für Umwelt und Gesundheit bei der Herstellung, Nutzung, Aufbereitung, Verwertung, Verbrennung bzw. Deponierung hervorrufen.
  - Besonders Substanzen, die akut toxisch, karzinogen, mutagen sind oder in der Umwelt nicht oder nur sehr langsam abgebaut werden können (Persistenz) oder sich in der Nahrungskette anreichern (Akkumulation) sollten vermieden werden. Eine Orientierung über besonders toxische

Stoffe bieten die Gefahrstoffverordnung sowie die Maximalen Arbeitsplatz-Konzentrationswerte (MAK-Werte).

— *Umweltgerechte Entsorgung des Restmülls*
Zur umweltfreundlicheren Gestaltung gehören neben der Abfallvermeidung und der Abfallverwertung auch Vorkehrungen für eine umweltgerechte Entsorgung problematischer oder nicht mehr verwertbarer Reststoffe. Denn trotz einer intensiven Ausschöpfung von Vermeidungs- und Verwertungsstrategien wird die Ablagerung und Deponierung sowie die Verbrennung, zumindest mittelfristig, nicht gänzlich vermieden werden können. Auch auf der Nutzerseite ist davon auszugehen, daß nicht alle Produkte, die verwertet werden könnten, auch tatsächlich vom Verbraucher einer Verwertung zugeführt werden, damit letztlich auf einer Deponie oder in einer Müllverbrennungsanlage landen.

- Es sollte daher gewährleistet sein, daß diese vor einer Ablagerung geeigneten Vorbehandlungen unterzogen werden können.
- Bei einer Deponierung oder Verbrennung sollten keine umweltunverträglichen Stoffe entstehen.
- Der problematische Anteil des Restmülls sollte inert sein, das heißt, er muß sich unter Ablagerungsbedingungen chemisch, physikalisch und biologisch reaktionsträge verhalten.
- Restmüll ohne toxische Substanzen sollte sich in natürliche biogeochemische Stoffkreisläufe einfügen können.
- Eine Volumenreduzierung des Restmülls ist aus Gründen der Knappheit von Deponieraum zu beachten.

— *Rückführung der Produkte*
Die Entwicklung umweltfreundlicherer Produkte genügt jedoch nicht. Es muß auch dafür gesorgt werden, daß die nicht mehr gebrauchten Produkte dem Recycling zugeführt werden. "Gerade bei der stofflichen Verwertung kommt es erheblich darauf an, Illusion und Wirklichkeit gut zu unterscheiden. Nicht die Möglichkeit eines Recyclings vermindert die Abfallmengen, sondern nur seine tatsächliche Praktizierung" [30]. Die Recyclierbarkeit nützt nichts, wenn z. B. die Produkte nicht mehr zum Hersteller zurückgebracht werden oder aber nicht genügend Verwertungskapazitäten zur Verfügung stehen. Folgende Kriterien sind zu beachten:

- Zur Produktverantwortung des Unternehmens gehört die Rücknahme der Produkte. Daher sollte dem Verbraucher eine Rücknahmegarantie gegeben werden.
- Gleichzeitig sollte eine Recyclinggarantie gegeben werden, die die Verwertung der zurückgegeben Produkte gewährleistet.
- Bei der Rückführung sollte auf eine Logistik kurzer Wege mit ökologisch günstigen Transportmitteln geachtet werden.

7 Konstruktion eines umweltfreundlicheren Farbfernsehgeräts

Die Konstruktion eines umweltfreundlichen Farbfernsehgeräts bei der Loewe Opta GmbH verlief keineswegs geradlinig, wie dies in den entsprechenden Richtlinien oder Lehrbüchern für die Konstruktion technischer Produkte vorgesehen ist (vgl. Richtlinie VDI 2221 und 2241 sowie Abb. 7.1). Gerade bei neuen Konzepten zur Produktgestaltung treten zahlreiche Konflikte auf, die immer wieder Rückwirkungen auf den Konstruktionsprozeß haben. Zielkonflikte und Bewertungsprobleme bestehen nicht nur zwischen den einzelnen ökologischen Kriterien. Unternehmensstrategische Aspekte, Wirtschaftlichkeitsfragen, Entsorgungskosten, rechtliche Anforderungen, Sicherheitsanforderungen, Haftungsfragen, Qualitätsstandards, Anforderungen an das Design, Probleme der Produktionsorganisation oder der Zuliefererstruktur und der Bereitschaft der Mitarbeiter, das Projekt zu fördern, sind nur einige Bereiche, die eine zusätzliche Rolle gespielt haben.

Zunächst galt es einen Umdenkprozeß in der Entwicklung und Fertigung zu vollziehen, um den Ingenieuren, Designern und Werkstofftechnikern neben den Forderungen nach optimierten Fertigungsgrundsätzen und kostenoptimierten Ausführungen auch die umweltrelevanten Anforderungen für eine ökologische Produktgestaltung nahezubringen, was erfreulich positiv aufgenommen wurde.

Weil es sich um ein Pilotprojekt handelte, das durch einen Suchprozeß gekennzeichnet war, mußten neue Wege eingeschlagen werden. Der Ingenieur mußte alte Konstruktionsmuster aufgeben, der Designer den Umgang mit ungewohnten, für ihn neuen Materialien lernen und das Marketing sich dem Risiko der Entwicklung eines neuen, ökologischen Produkts stellen. Um das Risiko möglichst gering zu halten standen bei allen wesentlichen Entscheidungen die Wirtschaftlichkeit, die Wettbewerbsfähigkeit und die Akzeptanz des Kunden im Vordergrund. Es mußte gewährleistet werden, daß das Gerät in Ausstattung, Design, Zuverlässigkeit, Qualität, Störfestigkeit sowie im Preis einem vergleichbaren Gerät mindestens entspricht.

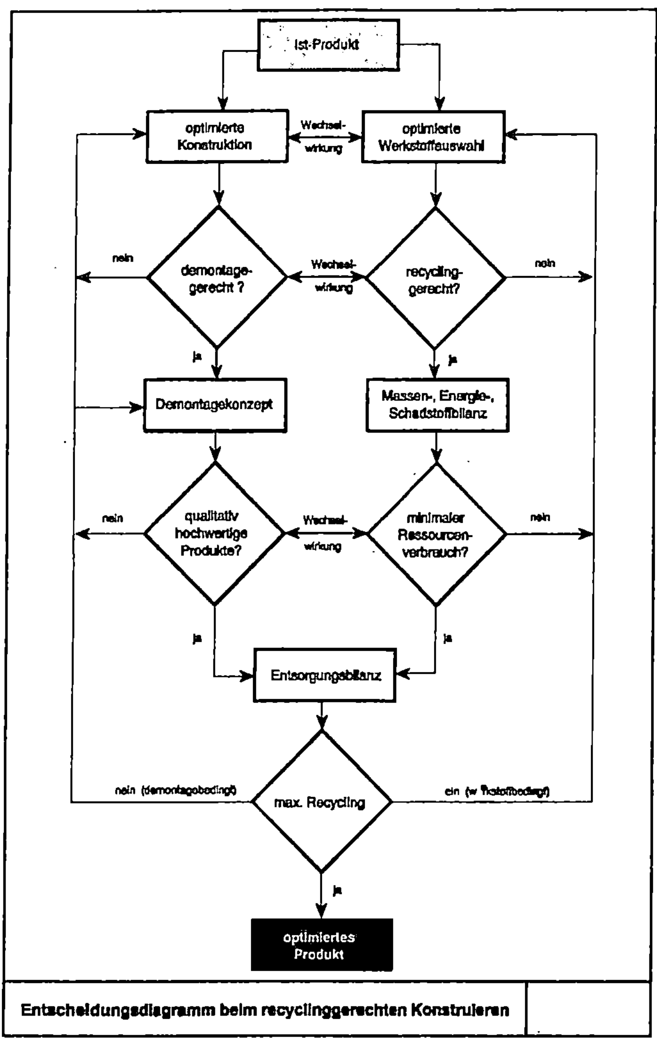

Abb. 7.1. Entscheidungsdiagramm beim recyclinggerechten Konstruieren

7.1 Problemanalyse

Zunächst wurde eine detaillierte Problemanalyse durchgeführt, die Aufschluß
über die wesentlichen Umweltprobleme von konventionellen Farbfernsehgeräten
geben sollte (vgl. auch Kap. 3 „*Entsorgungsproblematik von Fernsehgeräten*").
Dabei konnten insbesondere folgende Probleme registriert werden:

Problem Nr. 1: Komplexität

Ein mittleres Farbfernsehgerät besteht aus über 2000 Einzelteilen, ca. 10 m Kabel und 12 m Isolierband. Die Verbindungen zwischen den Systemteilen sind schwierig und kaum zerstörungsfrei zu lösen. Während für die Montage eines Farbfernsehgeräts im Durchschnitt 2 Minuten benötigt werden, sind für die Demontage der mechanischen Teile je nach Gerätetyp 8-10 Minuten zu veranschlagen. Eine vollständige Demontage konventioneller Geräte ist wirtschaftlich nicht durchführbar.

Problem Nr. 2: Werkstoffe

Fernsehgeräte bestehen aus einer Vielzahl von Verbundwerkstoffen, Metallen und verschiedenen Kunststoffen. Die Materiallisten der untersuchten konventionellen Referenzgeräte weisen 10-14 verschiedene Kunststoffe, 3 Kunststoffgemische, 7 verschiedene Metalle sowie Holz als Werkstoffe allein für die mechanischen Teile aus. Für die Veredelung oder Modifizierung von Werkstoffen wird ein ganzes Arsenal chemischer Zusatzstoffe eingesetzt. Hierzu gehören insbesondere Kunststoffbeschichtungen, Korrosionsschutzmittel, Farben, Antistatika, Dotierungsmaterialien, Weichmacher, Stabilisatoren und Flammhemmer. Die Werkstoffvielfalt macht vielfach das Recycling unmöglich. Die vielfältigen Bemühungen um eine stoffliche Verwertung von Kunststoffabfällen sind von vornherein illusorisch, wenn man etwa – wie bei einigen Fernsehgehäusen – PVC-beschichtete Spanplatten oder mehrschichtige Kunststoffe verwendet. Die seit kurzer Zeit in den Verwertungsbetrieben versuchte Zerlegung einiger weniger Geräte beschränkt sich deshalb im wesentlichen auf eine Verminderung des Sondermüllanfalls durch Aussortieren der giftigen Stoffe. Ein sortenreines Recycling der Werkstoffe ist unter den derzeitigen Bedingungen praktisch nicht möglich oder erweist sich häufig als unwirtschaftlich. Statt dessen ist festzustellen, daß die aus ursprünglich hochwertigen Werkstoffen wiedergewonnenen Sekundärrohstoffe allenfalls zu Produkten mit niedrigem Qualitätsniveau verarbeitet werden.

Problem Nr. 3: Problemstoffe

Farbfernsehgeräte enthalten über 4000 chemische Substanzen, darunter viele mit einem umwelt- und/oder gesundheitsgefährdendem Potential. Besondere Problemstoffe sind polybromierte Flammhemmer in elektronischen Leiterplatten oder Kunststoffgehäusen (Rückwand). Der Brandschutz ist aus Sicherheitsgründen vorgeschrieben. Gerade polybromierte Flammhemmer stellen aber bei der Müllverbrennung oder bei Schwelbränden auf Deponien ein ernsthaftes Gefährdungspotential dar, da unter bestimmten Bedingungen hochgiftige Dioxine und Furane gebildet werden können. Sollte zu Hause ein Fernsehgerät brennen, empfiehlt das Bundesgesundheitsamt gar die betroffenen Möbelstücke als Sondermüll zu entsorgen. Da polyhalogenierte Flammhemmer produktionstechnisch oftmals mit Dibenzofuranen verunreinigt sind, können auch bereits während des normalen Betriebs eines Fernsehgeräts infolge der Wärmeentwicklung Dioxine emittiert werden. Zwar wird die Raumluft damit nur gering belastet, das Umweltbundesamt geht deshalb von keiner unmittelbaren Gefährdung aus. Zu bedenken ist aber, daß die Stoffe im Körper nicht abgebaut werden und sich die Gesundheitsbelastungen deshalb addieren.

Weitere Problemstoffe sind Fluorchlorkohlenwasserstoffe (FCKW) als Schäummittel für poröse Kunststoffe (Polyurethan, Polystyrol), Polyvinylchlorid (PVC) bei der Kabelummantelung sowie mehrere Schwermetalle. Unter den toxischen Schwermetallen befinden sich Blei, Cadmium und Antimon. Stoffe, die z. B. in Weichloten als Legierungsbestandteile vorkommen. Blei ist ein wesentlicher Bestandteil der Bildröhren (bis zu 20%) und dient dort der Strahlungsabschirmung. Toxische Cadmiumverbindungen wie Cadmiumsulfid und Zinkcadmiumsulfid werden als Leuchtstoffe in Bildröhren eingesetzt. Stoffe, die ein gesundheits- und umweltgefährdendes Potential besitzen, sind insbesondere auch bei den Halbleiterwerkstoffen zu finden. Dazu gehören Galliumarsenid, Galliumarsenphosphid, Galliumnitrid, Galliumantimonid, Germanium, Germaniumhydrid sowie Germanide, Indiumantimonid und Cadmiumsulfid.

Problem Nr. 4: Elektronik

Die Elektronik setzt sich in erster Linie aus Buntmetallen, Schwermetallen, PVC, Bromverbindungen und seltenen Erden zusammen. Das Basismaterial der Leiterplatten besteht meist aus Duroplaste, die mit besonders kritischen Flammschutzmitteln wie den polybromierten Diphenylethern (PBDE) oder Biphenylen (PBB) und als Synergist mit dem krebsverdächtigen Antimontrioxid ausgestattet sein kann. Die Elektronik stellt deshalb bei der Entsorgung Sondermüll dar. Die Verwertung des Elektronikschrotts ist aufgrund seiner Zusammensetzung problematisch. Sie beschränkt sich derzeit hauptsächlich auf die Wiedergewinnung von einigen Edelmetallen sowie Kupfer. Dabei treten Umweltbelastungen je nach Verfahren in Form von Abgasen, festen Rückständen, Schlämmen und Abwässer auf. Die Deponierung des Elektronikschrotts führt zu flüchtigen organischen Verbindungen im Deponiegas, während sich im Sickerwasser Schwermetallverbindungen, Buntmetallverbindungen und organische Verbindungen wiederfinden.

Problem Nr. 5: Bildröhre

Die Bildröhre bestimmt wesentlich das Gewicht des Fernsehgeräts, legt entscheidend den Energieverbrauch fest und enthält zahlreiche toxische Substanzen. Sie besteht aus drei verschiedenen Glassorten (Bleiglas, Alkali-Barium-Silkat-Gläser, Glaslot auf Bleiboratbasis mit Zinkoxidzusatz), die nicht voneinander trennbar sind. Der Bildschirm ist mit einer Vielzahl von Leuchtstoffen beschichtet. Darunter befinden sich Cadmiumsulfid, Zinksulfid sowie Elemente aus der Gruppe der seltenen Erden sowie Kupfer, Silber und Gold. Die Ablenkeinheit setzt sich zusammen aus Duroplaste mit Flammhemmer, Thermoplaste, weichmagnetische Ferrite und verschiedenen Kupferlegierungen. Im Getter befinden sich die Stoffe Bariumoxid, Bariumnitrid und Aluminium.

Dieser Aufbau führt dazu, daß die Bildröhren als Sondermüll einzustufen sind. Nach dem derzeitigen Stand der Recyclingtechnik kann allenfalls das Blei der Bildröhren zurückgewonnen werden, ansonsten wird das Glas eingeschmolzen und als inertes Füllmaterial etwa im Straßenbau eingesetzt. Von einem Recycling kann deshalb kaum gesprochen werden. Die Leuchtschicht muß auf jeden Fall als Sondermüll entsorgt werden.

Problem Nr. 6: Energieverbrauch

Der Energieverbrauch für die Herstellung eines Farbfernsehgeräts liegt bei 2 GJ. Um den Faktor 4 höher, nämlich bei 8 GJ, liegt die Energiemenge, die zum Betreiben eines Gerätes eingesetzt wird, wobei eine Betriebszeit von 10 Jahren und eine tägliche Nutzung von 4 Stunden angenommen wurde. Auf alle deutschen Haushalte bezogen, dürfte der Stromverbrauch ca. 7.200 Gigawattstunden pro Jahr betragen. Davon werden allein 3.000 Gigawattstunden für den Stand-by-Betrieb benötigt, der einzig dazu dient, eine bequeme Einschaltung per Fernbedienung zu ermöglichen. Dies bedeutet aber, daß ein Kraftwerk mittlerer Größe ausschließlich nur für den Stand-by-Betrieb Strom liefern muß.

7.2 Ideenfindung

Um eine möglichst breite Palette von konzeptionellen Ideen zur ökologischen Gestaltung von Fernsehgeräten zu bekommen, wurde parallel zur Problemanalyse ein Brainstorming veranstaltet, an dem nicht nur die Projektmitarbeiter teilgenommen haben, sondern auch Studenten, die Sekretärin, die Putzfrau, ein Psychologe sowie Praktikanten des Instituts für Zukunftsstudien und Technologiebewertung. Die dabei entstandenen Ideen reichten von einem

- "eßbaren oder kompostierbaren Fernseher", über
- ein künftiges "home theatre", in der Fernseher, Hifi-Anlage, Computer in einem Gerät integriert sind,
- einer selbsttragenden Bildröhre, die eine Entkopplung der Technik von den modischen Änderungen im Design erlaubt,
- eine ständige Anpassung der Geräte an Innovationen durch Software, bis hin zu
- einer Trennung der hitzeerzeugenden Bauteile vom Fernsehgerät zur Reduktion flammhemmender Stoffe und
- einer Substitution des brennbaren Leiterplattenmaterials durch nichtentzündliche Keramikwerkstoffe.

Weitere Vorschläge sahen die Konstruktion eines Fernsehgerätes ohne Gehäuse als Einschubmodul in ein Wohnmöbelsystem oder die Trennung von Bildschirm, Empfänger, Netzgerät und Lautsprecher als Voraussetzung für die Integration in die häusliche Hifi-Anlage vor.

7.3 Prioritätensetzung

Angesichts der Komplexität der gestellten Aufgabe, ein umwelt- und insbesondere entsorgungsfreundliches Farbfernsehgerät zu entwickeln, mußten Prioritäten gesetzt werden.

- In erster Linie sollten Stoffe vermieden werden, die bei der Entsorgung zu Problemen führen können.
- Das Gerät sollte deutlich weniger Werkstoffe aufweisen und recyclingfähig sein.
- Des weiteren sollte das Fernsehgerät so konstruiert werden, daß es später problemlos demontiert werden kann.
- Der Energieverbrauch zumindest im Stand-by-Betrieb sollte deutlich gesenkt werden.
- Dabei war sicherzustellen, daß das Gerät ökonomisch realisierbar und wettbewerbsfähig ist.
- Darüber hinaus war die Wirtschaftlichkeit der Sekundärwerkstoffe im Zuge des Recyclings zu beachten. Die Gewinnung von Sekundärwerkstoffen ohne einen Absatzmarkt wäre nicht nur ökonomisch sinnlos, sondern würde auch ökologisch keine Entlastung bringen.

Die Organisation der Rückführung der Farbfernsehgeräte in industrielle Stoffkreisläufe konnte nicht abschließend festgelegt werden, da die Elektronikschrott-Verordnung als rechtlicher Rahmen noch nicht verabschiedet ist.

Prioritäten mußten auch im Hinblick auf die Bauteile gesetzt werden. So konnte die Bildröhre nicht in die Produktgestaltung miteinbezogen werden. Loewe bezieht die Bildröhren von anderen Firmen. Es konnten daher allenfalls die derzeit am wenigsten umweltbelastenden Verfahren zum Recycling von Bildröhren ermittelt und Kontakte zwischen Loewe und Entsorger hergestellt werden.

7.4 Entscheidungsfindung

Als Werkstoffe für das kamen prinzipiell Kunststoffe, Aluminium, Stahl und Holz in Frage. Holz ist auf den ersten Blick ein ökologisch interessanter

Werkstoff. Es handelt sich um einen nachwachsenden Rohstoff, der biologisch abbaubar ist. Allerdings ist hochwertiges Holz zum Bau von Gehäusen zu teuer, so daß lediglich Spanplatten verwendet werden könnten. Diese sind jedoch nicht unproblematisch. Bei einem Fernsehergehäuse muß mit einer Erwärmung während des Betriebs auf 50°C gerechnet werden. Bei dieser Temperatur erfüllt derzeit keine mit Formaldehyd-Harzen verleimte Spanplatte die Grenzwerte der Kategorie E1 (< 0,1 ppm). Formaldehyd-haltige Spanplatten sind deshalb nicht als Gehäusewerkstoff geeignet. Alternativ einsetzbare Leime sind z. B. isocyanathaltige Harze. Diese sind zwar formaldehydfrei. Isocyanate sind aber toxisch und zählen zu den stärksten Allergenen. Wenngleich unter Betriebsbedingungen keine Emissionen von krebsverdächtigen Monomeren und Spaltprodukten nachweisbar ist, sind doch Allergiefälle am Arbeitsplatz der Spanplatten-Herstellung und im Fall eines Gehäusebrandes Isocyanat-Emissionen nicht auszuschließen. Spanplatten wurden deshalb und aus Gründen der vergleichsweise geringen Gestaltungsfreiheit im Design als Werkstoff für das Gehäuse verworfen.

Zu den anderen Werkstoffen wurde eine erste orientierende Energie- und Abfallbilanz aufgestellt (vgl. hierzu auch Kap. 9 und 10). Hierbei wurden zunächst der Stoff- und Energieverbrauch sowie die entstehende Abfallmenge für die Erzeugung von je 1 kg Stahlblech, Kunststoff und Aluminium für die entsprechenden Recyclaten errechnet.

Die rein quantitativen Daten für die Herstellung der Werkstoffe wurden dann auf einen Zeitraum von 30 Jahren projiziert, d. h. es wurde unterstellt, daß ein Gehäuse aus Primärrohstoffen und zwei weitere aus Recyclingmaterial hergestellt wurden. Dabei wurde die heute zur Verfügung stehende Verwertungstechnik zugrundegelegt.

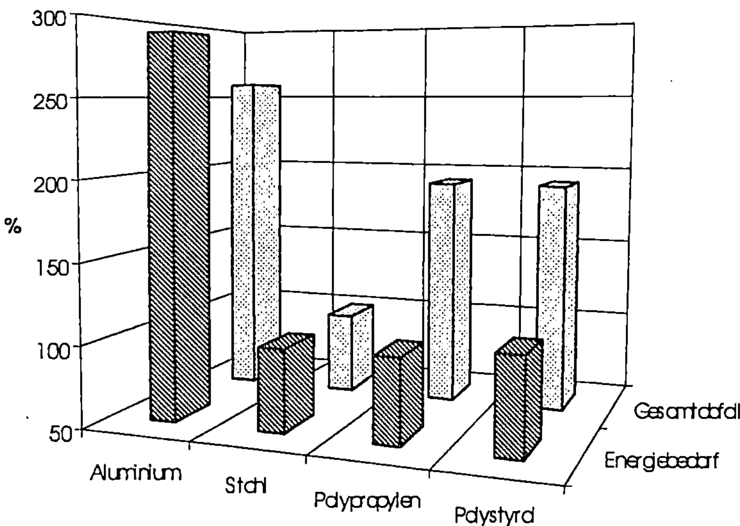

Abb. 7.2. Abfallmengen und Energieverbrauch für je drei Fernsehgehäuse (Stahl = 100%)

Das Ergebnis spricht für die Verwendung von Stahlblech für Gehäuse und Chassis des Farbfernsehgerätes. Der Abfallanfall und der Energieverbrauch ist bei allen anderen Werkstoffen trotz des geringeren Gewichtes höher. Sensitivitätsanalysen, in denen unterschiedliche Recyclingmengen, -verfahren und -zyklen sowie Entsorgungsvarianten angenommen wurden, haben das Resultat bestätigt. Bei den Schadstoffen, die entlang von Rohstoffgewinnung, Produktion, Recycling und Entsorgung (Deponierung, Verbrennung) entstehen, fällt das Profil allerdings nicht eindeutig aus. Stahl bietet aber neben der Abfall- und Energiebilanz andere wichtige Vorteile:

– Funktionierender Recyclingmarkt für Stahlschrott,
– Herstellung neuer Gehäuse von gebrauchten, Farbfernsehgeräten ohne Qualitätseinbußen,
– Möglichkeit der Lackierung durch Pulverbeschichtung (Einbrennlackierung) ohne Lösemittel und Schwermetalle,
– Optimale Abschirmung vor elektromagnetischer Strahlung und Röntgenstrahlung,
– Erhöhung der Haltbarkeit der Elektronik durch optimale Abführung von Verlustwärme (ohne sonst übliche Kühlbleche),
– Staubfreiheit der Elektronik durch Verzicht auf Kühlschlitze,
– nicht brennbar, Verzicht auf Flammhemmer möglich, Entzündung des Gerätes unmöglich, keine Gefahr für Benutzer,
– Separation durch Magnetscheidung im Zuge des Recyclings möglich,

– selbst bei unkontrollierter Entsorgung neutrales Verhalten auf der Deponie und in der Müllverbrennung.

Ein weiterer Lösungsansatz wurde darin gesehen, die Elektronik den Anforderungen des Stahlrecyclings anzupassen. Die Elektronik ist deshalb prinzipiell so konzipiert, daß die stofflichen Beimengungen der Stahlschrottverträglichkeitsliste eingehalten werden. Gehäuse, Chassis und Elektronik können daher quasi als "Einstoff-Produkt" behandelt werden. Auf die herkömmliche mit Flammhemmern getränkte Leiterplatte aus Kunststoff wurde ganz verzichtet. Statt dessen wurde eine Trägerkonstruktion aus Keramik entwickelt, die beim Schrottrecycling schmilzt und ungefährliche Schlacke bildet. Keramik ist - wie Stahl- extrem hitzebeständig und bedarf deshalb keiner flammhemmenden Zusätze.

8 Der umweltfreundlichere Prototyp

Die wesentlichen Hauptmerkmale des Prototyps sind die für Gehäuse und Elektronik verwendeten Materialien. Das Gehäuse ist komplett aus Edelstahlblech gefertigt, Flammschutzmaßnahmen entfallen damit. Die Elektronik ist auf Dickschichthybridtechnik umgestellt. Eine Hybridschaltung vereinigt auf einem Keramiksubstrat sowohl Komponenten in Form von elektrisch leitenden Schichten (Leiterbahnen und Widerstände) als auch Bauelemente herkömmlicher Bauweise (Kapazitäten, Induktivitäten und Halbleiter). Als Keramikmaterial findet Aluminiumoxid (Al_2O_3) Verwendung (Rubalit®), das bei Dickschichtschaltungen eine Reinheit von ca. 96% aufweist. Durch die Verwendung dieses unbrennbaren Trägermaterials konnte auch in diesem Bereich auf die Verwendung von Flammschutzmitteln verzichtet werden. Für die Dickschichttechnik sind auf das Keramiksubstrat aufgetragene Schichten mit einer Dicke > 1-2 µm kennzeichnend, wobei die typischen Werte in der Baugruppentechnologie für Leitschichten 10-15 µm und für Isolationsschichten > 30 µm betragen. Das Auftragen elektrisch leitender und isolierender Schichten geschieht im Siebdruckverfahren. Leiterbahnen und Widerstände entstehen in definierter Form, indem Pasten durch entsprechende, für jeden Druckvorgang speziell angefertigte Siebe hindurchgedrückt werden. Für die Leit-, Isolations- und Widerstandspasten werden hauptsächlich Cermet- oder Polymerpasten verwendet. Cermetpasten enthalten Metalle (auch als Legierungen), Metalloxide sowie Gläser und Keramiken in unterschiedlichen Mischungsverhältnissen, die in feinster Pulverform in einer homogenen Dispersion enthalten sind. Träger der Dispersion sind Polymere und Lösungsmittel, die ein Aufdrucken auf das Trägersubstrat ermöglichen. Polymerpasten enthalten ebenfalls Metall- bzw. Metalloxidpulver oder auch Graphitpulver, das mit einem Epoxydharz und Lösungsmittel zu einer Dispersion vermischt ist. Abdeckpasten schützen die Schaltung vor mechanischen Beschädigungen und klimatischen Einflüssen. Diese Pasten können sowohl auf anorganischer Basis (Glasuren) als auch auf organischer Basis aufgebaut sein. Die Glasuren enthalten spezielle Gläser mit sehr niedrigem Erweichungspunkt und niedriger Viskosität. Die einzelnen Schichten der aufgetragenen Pasten werden bei 500°C bis 850°C gesintert. Dabei wird der Dispersionsträger entfernt und die Feststoffteilchen bilden sowohl eine homogene Sinterschicht als auch einen stabilen mechanischen und chemischen Haftmechanismus mit dem Substrat. Die freiliegenden Widerstandsbahnen werden durch Lasertrimmen präzise (Abweichung < 0,1 % vom Soll-Wert) abgeglichen.

Ein weiteres Merkmal der hier zur Anwendung gekommenen Technik ist die Bestückung der Substrate durch Komponenten in sogenannter SMD-Ausführung. SMD steht für „Surface-Mount-Device", was mit „oberflächenmontierbares Bauteil" übersetzt werden kann. Diese Bauteile werden direkt auf der Oberfläche des

Trägersubstrats montiert und nicht wie bei einer Schaltung konventioneller Bauart durch „Beinchen" in Bohrlöchern verlötet.

Die elektronischen Bauteile wie Keramikkondensatoren, Wickelteile, Kleindioden, Widerstände und Elektrolytkondensatoren wurden, soweit erhältlich, auf SMD-Ausführungen umgestellt. Das hat den Vorteil einer Materialeinsparung, da viele SMD-Bauteile eine kleinere Baugröße - durch bauartbedingten Verzicht auf Einhausung und Anschlußdrähte - im Vergleich zu konventionellen Komponenten aufweisen. Im einzelnen ergeben sich damit folgende Unterschiede zu der Elektronik des konventionellen Gerätes:

Widerstände

Von den 487 Widerständen werden 450 durch Widerstandsdruck dargestellt. 37 Stück werden mit SMD-Chipwiderständen realisiert, die aus einem Keramikkörper mit einer Metallschicht und einer passivierenden Glasur und Kontakten aus Ag/Ni oder Pb/Zn an den Stirnflächen bestehen. Das Gewicht eines Chipwiderstands beträgt ca. 10 mg.

Keramikkondensatoren

Alle Keramikkondensatoren sind als Chipbauteil ausgeführt. Damit verbunden ist eine Massenreduzierung um 27 g. Weiterhin sind durch den Schaltungsaufbau 50 als Sieb- und Entstörmittel verwendete Keramikkondensatoren überflüssig.

Elektrolytkondensatoren

30 Elektrolytkondensatoren mit einem Gesamtgewicht von 15 g konnten aufbaubedingt eingespart werden.

Wickelteile

50 als Sieb- oder Entstördrosseln eingesetzte Wickelteile mit einem Gesamtgewicht von 35 g entfallen.

Kabelbäume und Verbindungsleitungen

Durch die Anordnung der Baugruppen konnte die Länge der Kabelbäume reduziert werden. Andererseits ist durch das Format der Keramiksubstrate ein erhöhter Einsatz von Verbindungskabeln notwendig. Insgesamt ergeben sich Einsparungen von rund 50 g Kabelmaterial. Der für die Serie geplante Einsatz von chlorfreier Kabelisolierung und flammhemmerfreien Steckverbindungen wurde im untersuchten Prototyp noch nicht realisiert.

Die Keramiksubstrate mit den elektronischen Bauteilen sind auf einem Träger aus Stahlblech mittels einer Silikonpaste und Klammern aus Federstahl fixiert und damit demontierbar.

Das Maximalziel des Konzepts, eine schadstoff- und halogenfreie Elektronik, die zusammen direkt mit dem Stahlschrott recycelt bzw. entsorgt werden kann, ist im Prototyp noch nicht vollkommen umgesetzt. Grund hierfür sind die bestehenden Abhängigkeiten der Fernsehgeräteproduzenten von den Bauteileherstellern, die spezielle Komponenten erst ab hohen Stückzahlen liefern bzw. aufgrund von monopolartigen Marktstrukturen - wie im Bereich der Halbleitergehäusegußmasse - wenig Interesse an einer Umstellung ihrer Produktion haben. Weiterhin spielen die derzeitigen Kostengründe für alternative schadstofffreie Technologien eine Rolle.

So sind in der Elektronik noch Bauteile zu finden, deren Gehäuse flammhemmende Substanzen (Filmkondensatoren, Halbleiter) enthalten und dadurch eine Entsorgung über das Stahlrecycling verhindern. Weiterhin enthalten die großen Wickelteile wie Hochspannungstrafo und Netztrafo Kupfer das als sogenannter „Stahlschädling" in der Stahlschmelze unerwünscht ist. Überlegungen, das Kupfer durch stahlschrottverträgliches Aluminium[23] zu substituieren, sind bislang noch nicht realisiert. Daher ist zum jetzigen Zeitpunkt der Entwicklung eine Entsorgung über das Elektronikschrottrecycling vorzunehmen.

Für die geplante Serienfertigung ist beabsichtigt, anstelle des im Prototyp verwendeten Edelstahls Tiefziehstahl als Gehäusewerkstoff einzusetzen. Gründe hierfür sind größere Freiheiten bei der Gehäusegestaltung durch Tiefziehen sowie die Kostensituation.

Im Bereich des Energieverbrauchs konnte durch einen intelligenten Schaltungsaufbau die Leistungsaufnahme im Stand-by-Betrieb von ursprünglich 15-20 Watt auf 1 Watt gesenkt werden.

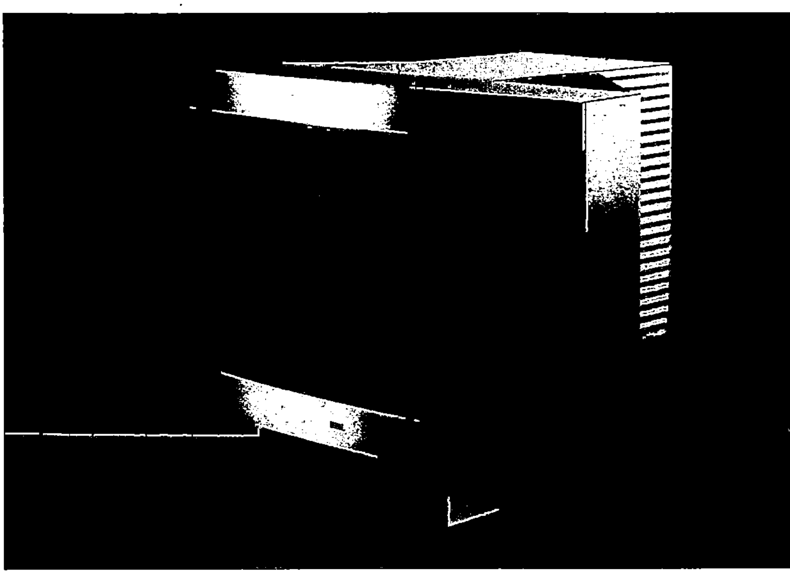

Abb. 8.1. Der entsorgungsfreundliche Fernseher von Loewe Opta

---

[23] Aluminium ist unedler als Eisen und kann daher über die Schlacke aus der Schmelze entfernt werden.

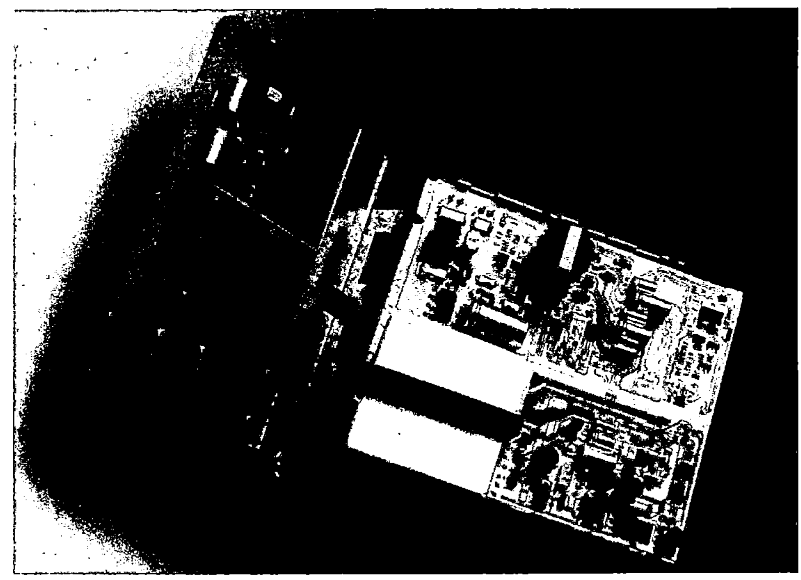

Abb. 8.2. Elektronik aus Stahl, Aluminium und Keramik

9 Vergleich: Prototyp - Konventionelles Farbfernsehgerät

9.1 Kriterienauswahl und Vorbemerkungen

Um die Entsorgungsfreundlichkeit des entwickelten Prototyps gegenüber einem konventionellen Fernsehgerät beurteilen zu können, wurde eine auf der Methodik der Ökobilanzen basierende vergleichende Untersuchung durchgeführt.

Ziel einer Ökobilanz ist es, die mit Produkten in Verbindung stehenden Wirkungen auf die Umwelt zu erfassen, transparent aufzubereiten und zu bewerten. Hierzu werden die entlang des gesamten Lebensweges, also von der Gewinnung der Rohstoffe bis zur endgültigen Entsorgung eines Produktes, auftretenden ökologischen Auswirkungen unter Verwendung einer fundierten Datenbasis analysiert und bewertet.

Mit Hilfe von Ökobilanzen können die wesentlichen Schwachstellen innerhalb von Produktlebenszyklen oder Produktionsverfahren identifiziert, mögliche Alternativen verglichen und Handlungsempfehlungen begründet werden. Aufgrund dieser Vergleichs- und Optimierungsfunktion stellen Ökobilanzen ein Hilfsmittel zur Vorbereitung von umweltorientierten Entscheidungen in bezug auf die Auswirkungen eines Produktes, Prozesses oder einer Dienstleistung dar.

Prinzipiell sollen Ökobilanzen so strukturiert werden, daß die einzelnen methodischen Teilschritte offenliegen und das jeweilige Vorgehen begründet und nachvollziehbar ist.

In der nationalen und internationalen Diskussion haben sich die folgenden vier grundsätzlichen Schritte für die Vorgehensweise bei der Erstellung einer Ökobilanz herauskristallisiert:

- die Zieldefinition (Scoping),
- die Sachbilanz (Inventory),
- die Wirkungsbilanz (Impact Assessment) und
- die Bilanzbewertung (Valuation).

Die von der SETAC im "Code of Conduct" vorgeschlagene abschließende Schwachstellen- und Optimierungsanalyse ("improvement analysis") kann nach Auffassung des Normenausschusses Grundlagen des Umweltschutzes (NAGUS) im DIN, auch schon während des Verlaufs einer Ökobilanz, z. B. in der Sachbilanz, durchgeführt werden, stellt also in diesem Sinne keinen eigenen Schritt dar [31].

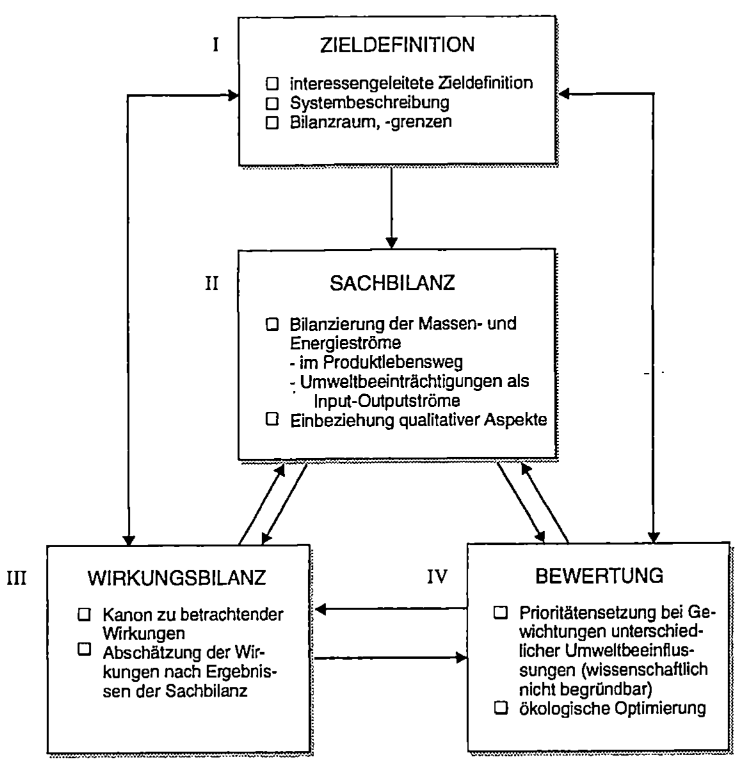

Abb. 9.1. Schema einer Ökobilanz

Im Gegensatz zu der Vorgehensweise bisheriger Ökobilanzen, die die Zielmaxime der kompletten Erfassung von allen im Untersuchungsgegenstand enthaltenen Materialien und deren Wirkungen auf die Umwelt verfolgten, ist aufgrund der Komplexität von Farbfernsehgeräten eine andere Herangehensweise erforderlich. Da es selbst bei so einfachen Produkten wie Getränkedosen schon zu erheblichen Problemen bei der Datenerhebung kommt, wird hier ein problemorientierter Ansatz verfolgt. Die Untersuchung konzentriert sich auf die im Sinne einer Schließung der Stoffkreisläufe mengenmäßig relevanten Fraktionen Kunststoff und Stahl, auf Faktoren, die einen Einfluß auf das Rückführen in den Stoffkreislauf haben sowie auf besonders problematische Stoffe.

Dabei werden, soweit es die Datenlage erlaubt, Kriterien gewählt, die quantitative Aussagen zulassen, wie

- Umfang der in den Stoffkreislauf zurückgeführten Materialmenge,
- Umfang und Zusammensetzung der zu entsorgenden Abfallmengen,
- Verbrauch an mineralischen Ressourcen,
- Verbrauch fossiler Energieträger,
- Wasserverbrauch.

Des weiteren sind folgende Kriterien zu bewerten:

- Humantoxische Effekte,
- Ökotoxische Effekte und
- Wirkungen von Emissionen auf die Atmosphäre.

Aufgrund der sehr komplexen Produktstruktur werden ferner Kriterien herangezogen, die sich an den Zielsetzungen der VDI Richtlinie 2243 „Konstruieren recyclinggerechter technischer Produkte" orientieren und meist nur eine - dann aber entsprechend begründete - qualitative Aussage über die Umweltfreundlichkeit zulassen. Zu nennen sind hier:

- Verwendung reyclingfreundlicher Werkstoffe,
- Minderung des Materialeinsatzes,
- Minderung der Materialvielfalt,·
- schadstoffarme Werkstoffauswahl,
- Demontagefreundlichkeit.

9.2 Begriffsdefinitionen

Input

Der Input setzt sich aus Fertigungsstoffen (FS), Hilfsstoffen (HS) und Betriebsstoffen (BS) zusammen. Aus den Fertigungsstoffen wie Rohstoff oder Halbzeug setzt sich das Produkt mengenmäßig zusammen. Hilfsstoffe gehen beabsichtigt in das Produkt ein, spielen mengenmäßig aber eine untergeordnete Rolle. Betriebsstoffe (z. B. Brennstoffe, Schutzgase, Lösemittel) sind zum Anlagenbetrieb notwendig, gehen aber nicht in das Produkt ein.

Output

Beim Output lassen sich die drei Kategorien Produkte (P), Emissionen (EM) und Reststoffe unterscheiden. Produkte gliedern sich in Hauptprodukte - als Ziel des gesamten Prozesses - und Nebenprodukte auf. Die auch als Kuppelprodukte bezeichneten Nebenprodukte sind Produkte untergeordneter Bedeutung, die direkt als Endprodukt verkauft oder als Input in einem anderen Prozeß verwendet werden können (z. B. Koks und Kokereigas).

Emissionen sind die mit dem Abgas oder Abwasser in die Umwelt gelangenden Stoffe. Bei den Reststoffen kann man wiederum drei Kategorien unterscheiden. Wert- oder Sekundärrohstoffe (WS) sind Reststoffe, die wieder in den Wirtschaftskreislauf zurückgeführt werden. Abfälle (AB) sind Stoffe, die endgültig aus dem Stoffkreislauf ausgegliedert werden und eine kontrollierte Entsorgung benötigen. Abraum (AR) ist der bei der Rohstoffgewinnung anfallende mineralische Abfall.

Energie

Aus dem Verbrauch von elektrischen Strom und Brennstoffen läßt sich der Endenergieverbrauch errechnen:

$$\text{Endenergieverbrauch[MJ]} = \text{Stromverbrauch[kWh]} \cdot 3{,}6 \frac{\text{MJ}}{\text{kWh}} + \text{Brennstoffverbrauch[MJ]} \qquad (9.1)$$

Die Aussagekraft einer solchen Endenergieaggregation ist aber aufgrund der unterschiedlichen Wirkungsgrade und primärenergetischen Wertigkeiten eingeschränkt. Der Endenergieverbrauch eines Prozesses setzt sich aus allen Aufwendungen zur Deckung des Energiebedarfs zusammen. Daher muß zur Ermittlung der Primärenergiebeträge der Weg des Energieträgers bis zur Lagerstätte zurückverfolgt und alle dabei anfallenden Energieverbräuche, wie z. B. durch Gewinnung und Bereitstellung, hinzugezählt werden. Als vereinfachte Methode zur Ermittlung der Primärenergieverbräuche kann man Nutzungsgrade als Verhältnis der Heizwerte der Endenergie zum Heizwert der erforderlichen Primärenergie heranziehen [32]. Sie können exemplarisch durch die Rückverfolgung der Energieträger bis zur Lagerstätte ermittelt werden. Die für jeden Energieträger ermittelten Primärenergieverbräuche sind dann mit Hilfe folgender Formel zu berechnen, wobei zwischen energetisch und stofflich genutzten Energieträgern (wie z. B. bei Kunststoffen) unterschieden wird:

$$PEV[MJ] = \frac{SV[kWh] \cdot 3{,}6 \frac{MJ}{kWh}}{g_S} + \frac{BV[MJ]}{g_B} + \frac{NEV[MJ]}{g_{NEV}} \qquad (9.2)$$

mit

PEV	Primärenergieverbrauch
SV	Stromverbrauch
BV	Brennstoffverbrauch
NEV	Nicht-energetischer Verbrauch
g_S	Nutzungsgrad Strombereitstellung
g_B	Nutzungsgrad der Brennstoffbereitstellung
g_{NEV}	Nutzungsgrad der NEV-Bereitstellung

Die mit dem Stromverbrauch verbundenen Emissionen werden nach dem Modell UCPTE 88 von Habersatter berechnet [33]. Dieses Modell wurde auf der Grundlage des westeuropäischen Stromverbundes erstellt und ist für die Stromerzeugung in Europa repräsentativ.

9.3 Zieldefinition

9.3.1 Systembeschreibung

Bilanziert werden jeweils die Umweltwirkungen bezogen auf die Entsorgung von einem (1 Stk.) Fernsehgerät. Untersucht werden dabei nicht nur die mit der Verwertung und Entsorgung verbundenen Umwelteinflüsse, sondern auch die mit der Produktion der Gehäusewerkstoffe verbundenen Auswirkungen. Dieses Vorgehen soll die Auswirkungen von unterschiedlich hohen Recyclingquoten verdeutlichen, da nicht wieder- oder weiterverwertbares Material durch eine entsprechende Menge Primärmaterial substituiert werden muß. Aufgrund der vielfältigen, noch ungelösten methodischen Probleme, die im Zusammenhang mit der Bilanzierung von Recyclingprozessen auftreten, wie z. B. die Allokation bei Down-cycling-Prozessen, wird in dieser Bilanz die gesamte, einem werkstofflichen Recycling auf gleicher Qualitätsstufe zur Verfügung stehende Menge an verwertbaren Material, der Neuproduktion eines Fernsehgerätes angerechnet.

Bilanzraum ist die Bundesrepublik Deutschland. Ausnahme sind die mit der Rohstoffgewinnung verbundenen Prozesse.

Als Bilanzzeit werden als realistischer Zeitraum für eine Strategieplanung eines mittleren Unternehmens 30 Jahre angesetzt, was ungefähr drei Lebenszyklen eines Fernsehers entspricht.

Fragen des Transports werden aufgrund der starken Abhängigkeit von lokalen Begebenheiten und der noch offenen Gestaltung der Entsorgungslogistik für Elektronikschrott nicht in die Untersuchung mit einbezogen. Ausnahme ist hier der Transport von Rohstoffen aus großen Entfernungen, der einen Einfluß auf das Gesamtergebnis haben kann.

Als möglicher Entsorgungsweg wird die geordnete Erfassung mit anschließender Behandlung in einem Elektronikschrott-Verwertungsbetrieb betrachtet. Die derzeitig noch betriebene Entsorgungspraxis der Ablagerung auf Hausmülldeponien wird aufgrund des Inkrafttretens der TA Siedlungsabfall[24] nicht in die

---

[24]   Ziel der TA Siedlungabfall ist es, die stoffliche Verwertung soweit wie möglich durchzusetzen und die umweltverträgliche Behandlung und Ablagerung der nicht

Untersuchung mit einbezogen. Weiterhin wird angenommen, daß bis zum Entsorgungszeitpunkt die Elektronikschrott-Verordnung mit einer für die entsorgungspflichtigen Körperschaften verbindlichen Verwertungsauflage bzw. Rücknahmeverpflichtung für die Hersteller in Kraft getreten ist.

Aus der Untersuchung ausgeklammert werden die Bildröhre, das Tuner-Modul und die Fernbedienung, die im Rahmen des Forschungsprojektes bisher noch nicht optimiert wurden und deshalb bei beiden untersuchten Geräten baugleich sind.

9.3.2 Beschreibung des Referenzmodells

Concept 1700

Als Referenzgegenstand dient ein konventionelles Fernsehgerät des Typs Concept 1700. Dieses Gerät entspricht in Größe, Ausstattung und Leistungsumfang dem betrachteten Prototyp.

Das Gehäuse und der Chassisrahmen sind aus Noryl V180 HF gefertigt. Unter dem Markennamen Noryl werden von dem Hersteller GE Plastics modifizierte Polyphenylether (PPE) angeboten. PPE wird in vielen Kunststoff-Blendsystemen verwendet, bei Noryl handelt es sich um PPE-PS (Polystyrol)-Blend. Während PPE alleine selbstverlöschende Eigenschaften im Brandfall besitzt, benötigen PPE-PS-Blends flammhemmende Additive zum Erzielen ausreichender Flammwidrigkeitszertifizierungen. Hinweise, daß hier Phosphorester-Verbindungen zum Einsatz kommen, finden sich in [34] und [35]. Nach [36] werden überwiegend alkyl-substituierte Triarylphosphate verwendet. Die Klassifizierung für Noryl V180 Hf liegt laut Werkstoff-Kennblatt bei V1 bei 2,00 mm.

Die elektronischen Bauteile sind auf einer duroplastischen FR3-Leiterplatte montiert. Das Leiterplattenmaterial enthält halogenhaltige Flammhemmer. Verwendung findet hier Tetrabrombisphenol A (TBBA), das mit Zusätzen von Antimontrioxid (Sb_2O_3) in das Tränkharz einpolymerisiert ist. Der TBBA-Gehalt liegt zwischen 4-8 Gew.-%. Die Leiterplatte mit den elektronischen Bauteilen ist in einem Rahmen aus Noryl fixiert, dessen Rückwand aus einem Aluminiumblech besteht, das gleichzeitig als Kühlblech dient.

9.3.2.1 Vorbemerkung Elektronikschrottrecycling

Für die Bilanzierung des Elektronikschrottrecyclings stellt sich das Problem der Abgrenzung zu den sich anschließenden Sekundäraufbereitungsverfahren und der Zuordnung von Energieverbräuchen zu den einzelnen Materialfraktionen. Die von den Elektronikschrottverwertern zur Verfügung gestellten Daten umfassen die Schritte Demontage und maschinelle Aufbereitung (Zerkleinerung und

---

verwertbaren Abfälle sicherzustellen. Diese dürfen nur noch so abgelagert werden, daß keine negativen Auswirkungen auf die Umwelt zu befürchten sind.

Sortierung) ohne Sekundärmaterialweiterverarbeitung. Endprodukte sind in der Regel sortenreine Fraktionen, die in einer stückigen Form vorliegen und an Aufarbeitungsbetriebe (Stahlwerk, Kunststoffrecyclingbetriebe) weitergegeben werden. Die Energieverbräuche sind als aggregierte Werte für den Bedarf der gesamten Anlage angegeben. Die Werte liegen hier zwischen 20 kWh/t [37] und 110 kWh/t [38] je nach Grad des Einsatzes von mechanischen Aufbereitungsverfahren.

Da der entscheidende Unterschied der Elektronikschrottrecyclingverfahren zu anderen Recyclingverfahren vor allem in der ersten Stufe, der manuellen Demontage und Schadstoffentfrachtung liegt, können für eine detailliertere Bilanzierung von Stahl und Kunststoff in den sich anschließenden maschinellen Aufbereitungs- und Weiterverarbeitungsverfahren Daten aus anderen Quellen herangezogen werden.

Dementsprechend erfolgt in der ersten Stufe des Elektronikschrottrecyclings eine manuelle Zerlegung in die Fraktionen

- Metalle,
- Kunststoffe,
- Trafos, Kabel und große Wickelteile,
- bestückte Platinen sowie
- Bildröhre, Glas (nicht mitbilanziert).

In dieser Stufe sind keine relevanten Emissionen und Energieverbräuche festzustellen, da die Demontage immer manuell erfolgt[25]. Entscheidend für die Bilanzierung sind die Stoffströme der einzelnen Fraktionen im Elektronikschrottrecycling. Nach der manuellen Demontage beinhalten noch einige der Bauteile - wie zum Beispiel Lautsprecher oder Trafos - verschiedene Materialien in sich.

So besteht der Hochspannungstransformator aus einem Ferritkern (60 Gew.-%), Kupferwicklungen (25 Gew.-%) und einem Kunststoffgehäuse sowie anderen Kunststoffteilen (15 Gew.-%)[26]. Für die Kabel wird mit einer Aufteilung in 50 Gew.-% Isolierungsmaterial und 50 Gew.-% Kupferanteil gerechnet. Für die bestückten Leiterplatten wird von einem mechanisch gewinnbaren Mischmetallanteil von 10 Gew.-% ausgegangen.

Erst nach Auflösung der Bauteilform durch die mechanische Zerkleinerung können die einzelnen Materialien mit Hilfe der geeigneten Trenn- und Sortierverfahren voneinander getrennt werden. Die entsprechenden Anteile der Materialien sind den jeweiligen Fraktionen zugeordnet. Dabei wird bei den Zerkleinerungs- und Sortiervorgängen, unabhängig vom Material, von einem ver-

---

[25] Der Energieverbrauch durch die Verwendung von Elektro- oder Druckluftschraubern stellt im Vergleich zu den anderen bilanzierten Prozessen einen so marginalen Betrag dar, daß er vernachlässigt werden kann, ohne die Bilanzergebnisse zu verfälschen.

[26] Die Gewichtsanteile sind bei Loewe Opta für den verwendeten Netztrafo ermittelt worden.

fahrenstechnisch bedingten Materialverlust von 6% ausgegangen, der sich im Filterstaub wiederfindet und den Abfällen zugerechnet wird [39].

9.3.3 Stoffströme im Elektronikschrottrecycling

Concept 1700

Abb. 9.2 schlüsselt die Fraktionen und ihre Wege im Elektronikschrottrecycling für den Concept 1700 auf.

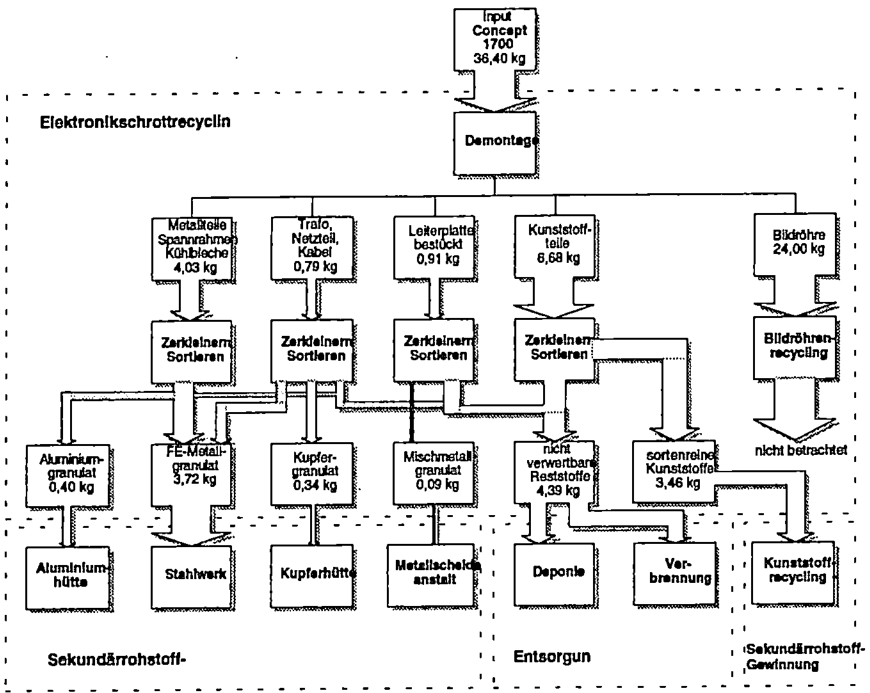

Abb. 9.2. Stoffströme beim Elektronikschrottrecycling Concept 1700

Die technischen Kunststoffe bilden beim Recycling eine problematische Fraktion. Aufgrund der vielen eingesetzten Spezifikationen, Additive und Blends bei den technischen Kunststoffen, ist ein sortenreines Trennen - als Voraussetzung für ein werkstoffliches Recycling auf dem annähernd gleichem Qualitätsniveau - zum jetzigen Zeitpunkt nicht möglich. So bietet beispielsweise GE Plastics zur Zeit 49 verschiedene Variationen von Noryl an, die in ihrem Additivgehalt, Füll- und Verstärkungsmaterialien sowie den zugesetzten Blendkunststoffen teilweise stark differieren [40]. Zuverlässige Identifikationsmöglichkeiten werden zwar erprobt, haben aber noch keine großtechnische Anwendung gefunden [41].

Als Recyclingmöglichkeit für den verwendeten Gehäusekunststoffblend Noryl wird in [42] und [43] ein Demonstrationsprojekt des Herstellers GE Plastics beschrieben, bei dem sortenreines Noryl von gebrauchten Computergehäusen gemahlen, mit frischem Harz versetzt und farbig pigmentiert zu 53x107 cm großen Dachschindeln für eine McDonald's Filiale verarbeitet wird. Hier von Recycling im Sinne einer Kreislaufwirtschaft zu sprechen wäre übertrieben, vielmehr handelt es sich eher um eine verlagerte Deponierung. Auch in einer Firmenpublikation von GE Plastics über die Recyclingmöglichkeiten für technische Kunststoffe wird der Einsatz von recycliertem Material schon nach dem ersten Recyclingzyklus nur noch in nicht sichtbaren Teilen oder weniger anspruchsvollen Anwendungen empfohlen [44].

Aufgrund des oben geschilderten Standes der Aufbereitungstechnik kann für die Norylfraktion keine werkstoffliche Verwertung angenommen werden. Das Noryl wird entweder einer thermischen Entsorgung zugeführt oder deponiert[27].

Das als Gehäusewerkstoff verwendete Polystyrol wird sortenrein getrennt und in der Neuproduktion eingesetzt.

Prototyp

Die Stoffströme des Prototyps im Elektronikschrottrecycling sind in Abb. 9.3 schematisch dargestellt.

---

[27]   Ein Downcyclingprozeß wird wegen der damit verbundenen weitergehenden Bilanzierungen und den noch offenen Zuordnungsregeln nicht betrachtet.

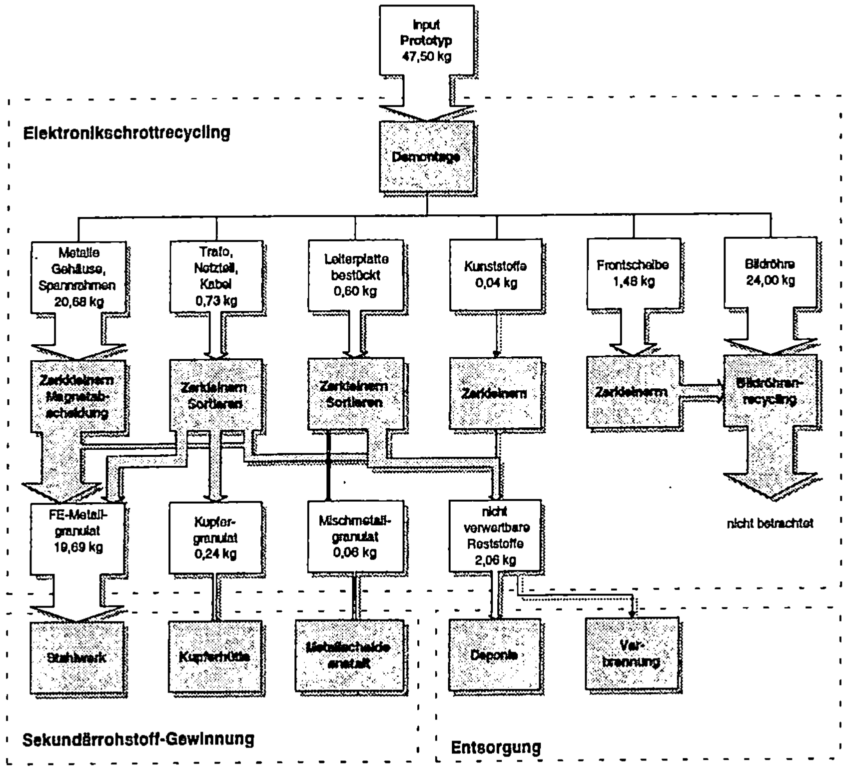

Abb. 9.3. Stoffströme beim Elektronikschrottrecycling Prototyp

Tabelle 9.1 faßt noch einmal die Anteile der Fraktionen für beide Geräte zusammen.

Tabelle 9.1. Fraktionen nach dem Elektronikschrottrecycling

	Concept 1700 (in kg)	*Prototyp* (in kg)	Bemerkungen
Input			
Gerät komplett	36,40	47,50	
Gerät ohne Bildröhre	12,40	23,50	
Output			
Fe-Fraktion	3,66	19,69	
Cu-Fraktion	0,27	0,24	
Al-Fraktion	0,38	0,00	
Mischmetallfraktion	0,09	0,06	
Kunstoff-Fraktion, sortenrein	3,25	0,00	
nicht verwertbarer Anteil	4,75	2,03	Kunststoffgemische, Isoliermaterialien,
Glas	0,00	1,48	
Bildröhre	24,00	24,00	
Summe	36,40	47,50	

9.3.4 Lastmodule

Zur kompletten Bilanzierung der drei Lebenszyklen der Fernsehgeräte werden einzelne Prozesse oder Prozeßschritte entsprechend dem Ablauf der Produktion, des Recyclings und der Neuproduktion zur Substituierung von nicht verwertbaren Anteilen für die Materialien Kunststoff und Stahl zu sogenannten Lastmodulen zusammengefaßt, die eine Berechnung der mit der Verwertung verbundenen Umweltbelastungen sowie eine übersichtliche Darstellung ermöglichen. Durch den modularen Aufbau der Berechnungen ist auch eine Variation von bestimmten Annahmen und Parametern möglich, um z. B. Ergebnisse auf ihre Robustheit hin zu überprüfen.

Die in den Lastmodulen unter Emissionen aufgeführten Werte stellen die in die Umwelt abgegebenen Mengen - also nach Passieren einer eventuell vorhandenen Reinigungstechnik - dar. Unter Abfällen sind die tatsächlich zur Entsorgung anfallenden Mengen zusammengefaßt. Anteile, die weiterverwendet werden, sind nicht aufgeführt. Die in den Lastmodulen angegebenen Werte beziehen sich jeweils auf ein Kilogramm des Endprodukts.

9.3.5 Beschreibung der Lastmodule für das Kunststoffrecycling

Das Kunststoffrecycling umfaßt die drei Module Herstellung, Trennung und Aufbereitung von Sekundärmaterial sowie die Entsorgung von nicht verwertbaren Kunststoffen (Abb. 9.4). Es wird angenommen, daß das gewonnene Sekundärmaterial als Pulver oder Granulat mit Neuware vor dem Spritzgießen verschnitten wird. Dieser Schritt ist schon als Teil der Fernsehgeräteproduktion anzusehen, fließt also nicht in die Bilanzierung mit ein.

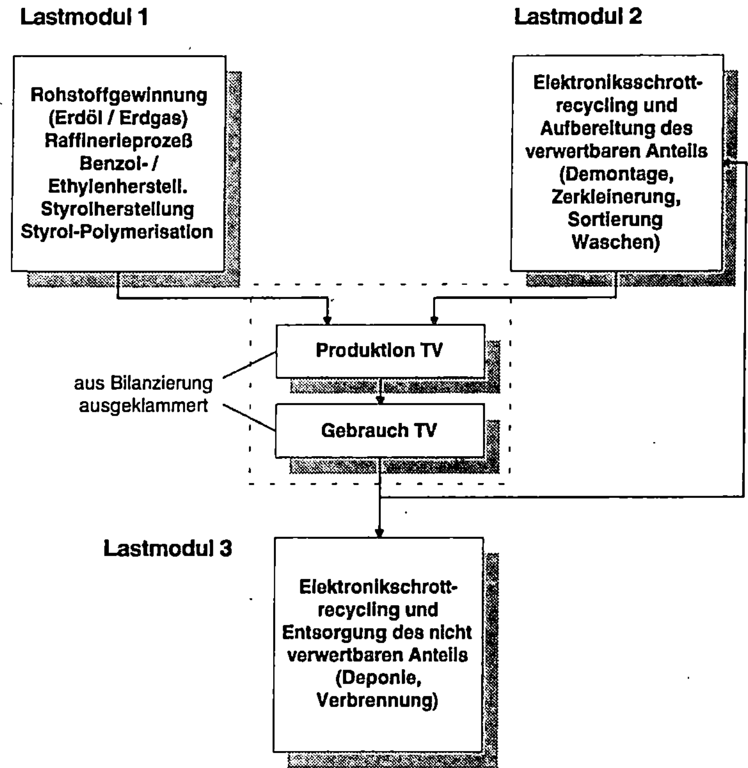

Abb. 9.4. Lastmodule Kunststoffrecycling

Lastmodul 1 Kunststoffherstellung. Für die Bilanzierung der Kunststoffherstellung werden Daten der Vereinigung der Kunststoffhersteller in Europa (APME) herangezogen. In einer drei Jahre dauernden Untersuchung wurden bei 19 Kunststoffproduzenten in Europa für die meistverwendeten Kunststoffe Daten erhoben, zusammengestellt und interessierten Kreisen zugänglich gemacht.

Die Kunststoffherstellung umfaßt viele Prozeßschritte, bei denen mehrere nutzbare Ausgangsprodukte erzeugt werden[28]. Der jeweils benötigte Energiebedarf und die entstehenden Emissionen sind in diesem Fall anteilig auf die entsprechenden Ausgangsprodukte umgerechnet. Kuppelprodukte, die in diesem oder einem anderen Prozeß genutzt werden, gehen durch eine entsprechende energetische Gutschrift in die Bilanzierung ein.

Weiterhin ist zu unterscheiden zwischen der benötigten Prozeßenergie zur Herstellung des Polystyrols und dem Energiebetrag, der als Rohstoff in das Material eingeht (nicht-energetischer Energiebedarf). Die Werte für den Energiebedarf in dem verwendeten Bericht der APME sind die Primärenergieverbräuche, beinhalten also die energetischen Aufwendungen für Gewinnung, Aufbereitung und Transport der eingesetzten Energieträger.

Spezifisches Datenmaterial über die Produktion von Noryl ist nicht erhältlich. Daher werden zur Bilanzierung des PPE-Anteils in PPE-PS-Blends die Daten des Polystyrols verwendet. Die folgende Abbildung zeigt schematisch das bilanzierte Herstellungsverfahren für Polystyrol:

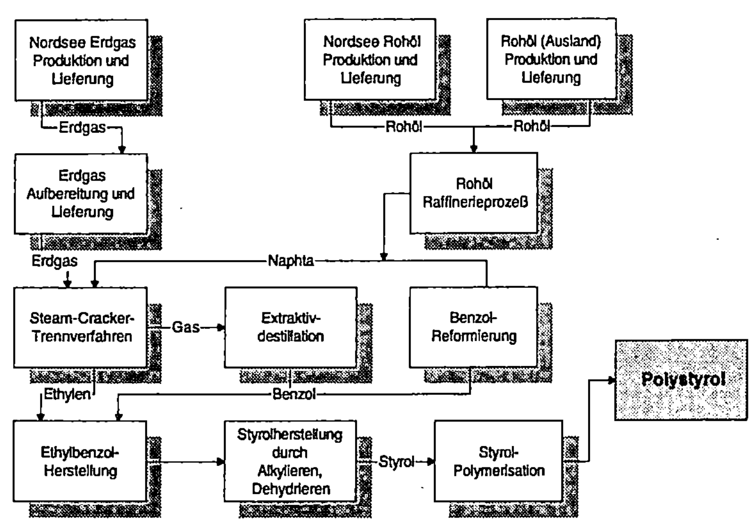

Abb. 9.5. Prozeßschema Polystyrolherstellung

Die mit der Herstellung von einem Kilogramm Polystyrol verbundenen Energie- und Rohstoffverbräuche sowie die dabei entstehenden Emissionen sind in Tabelle 9.2 aufgeführt.

---

[28]   So entstehen beim Steam-Cracking-Verfahren bis zu sechs verschiedene Fraktionen.

Tabelle 9.2. Daten Lastmodul Kunststoffherstellung

Lastmodul KS 1	[kg]	[kWh]	[MJ]	Art
Input				
elek. Energie		0,071		EG
therm. Energie			24,88	EG
Energie Material			71,72	EG
PEV			101,38	EG
Erdöl/ Erdgas	3,41			FS
Hilfsstoffe	0,04			HS
Wasser	5,00			BS
Output				
Polystyrol	1,00			FS
Abfälle	0,05			AF
Abraum	0,01			AR
Staub	$3{,}10 \cdot 10^{-3}$			EM
NO_x	$24{,}00 \cdot 10^{-3}$			EM
SO_2	$34{,}00 \cdot 10^{-3}$			EM
CO	$1{,}40 \cdot 10^{-3}$			EM
CO_2	$1600 \cdot 10^{-3}$			EM
HC	$26{,}00 \cdot 10^{-3}$			EM

Lastmodul 2 Kunststoffverwertung. Für die werkstoffliche Aufbereitung von Kunststoffen finden sich in der Literatur hinsichtlich der Energiebilanzen weite Spannbreiten. Je nach Verschmutzungsgrad und Trennaufwand können die Energieäquivalenzwerte zwischen 1,8 MJ [45] und 87 MJ [46] pro Kilogramm liegen.[29] Es wird ein Energieverbrauch von 7 MJ/kg für Wiederverarbeitung durch Zerkleinern, Waschen, Sortieren und Regranulierung gewählt [47]. Dabei wird ein kombiniertes Hydrozyklon-/Schwimm-Sink-Verfahren zur sortenreinen Trennung verwendet. Die Emissionen entstehen durch die Erzeugung des benötigten Stroms sowie bei der Verfeuerung von Erdgas für die Trocknungswärme. In Tabelle 9.3 sind die Daten für die Kunststoffverwertung aufgeführt:

---

[29] Ab einem Wert von 78 MJ/kg wäre die werkstoffliche Recyclingoption fragwürdig, da der Energieaufwand für das werkstoffliche Recycling den Energieaufwand für eine Neuproduktion von einigen Kunststoffsorten weit übersteigt.

Tabelle 9.3. Daten Lastmodul Kunststoffrecycling

Lastmodul KS 2	[kg]	[kWh]	[MJ]	Art
In·ut				
elek. Energie		0,58		EG
therm. Energie			1,26	EG
EEV			3,35	
PEV			7,00	
Altkunststoff	1,0			FS
Wasser	6,7			BS
Out·ut				
Polystyrol	0,94			FS
Abfälle	0,06			AF
Staub	$0,13 \cdot 10^{-3}$			EM
NO_x	$5,47 \cdot 10^{-3}$			EM
SO_2	$1,44 \cdot 10^{-3}$			EM
CO	$0,74 \cdot 10^{-3}$			EM
CO_2	$3225 \cdot 10^{-3}$			EM
HC	$1,83 \cdot 10^{-3}$			EM

Tabelle 9.4. Daten Lastmodul Entsorgung

Lastmodul KS 3	[kg]	[kWh]	[MJ]	Art
In·ut				
elek. Energie		0,03		EG
EEV			0,11	
PEV			0,29	
Altkunststoff	1,0			FS
Out·ut				
Kunststoffgemisch	0,94			AF
Abfälle	0,06			AF
Staub	$5,89 \cdot 10^{-6}$			EM
NO_x	$37,09 \cdot 10^{-6}$			EM
SO_2	$75,07 \cdot 10^{-6}$			EM
CO	$10,47 \cdot 10^{-6}$			EM
CO_2	$13,25 \cdot 10^{-3}$			EM
HC	$63,37 \cdot 10^{-6}$			EM

Lastmodul 3 Entsorgung. Das Lastmodul Entsorgung setzt sich zusammen aus dem Anteil der nicht verwertbaren Kunststoffe am Zerkleinerungs- und Trennungsaufwand. Eine weitere Behandlung wie Waschen und Trocknen findet nicht statt.

9.3.6 Beschreibung der Lastmodule für das Stahlrecycling

Das Stahlrecycling umfaßt die Lastmodule Roheisenherstellung, Feinblechherstellung sowie die Sortierung und Aufbereitung des Stahlschrotts (Abb. 9.6). Für
die Stahlherstellung liegt keine entsprechend repräsentative Untersuchung vor,
wie es bei den Kunststoffen der Fall ist. Zwar hat das Schweizer Bundesamt für
Umwelt, Wald und Landschaft (BUWAL) bei seinen Ökobilanzen von Packstoffen auch die Herstellung von Weißblech bilanziert, das Datenmaterial weist
jedoch einige Datenlücken und Unzulänglichkeiten auf. Das betrifft vor allem die
Emissionsdaten sowie die Punkte Abfall und Abraum. Daher werden die Daten
des BUWALs nur als Grundgerüst verwendet und mit Hilfe anderer Quellen
ergänzt und auf ihre Plausibilität überprüft. Der Primärenergiebedarf wurde nach
Formel (9.2) mit den Anteilen der eingesetzten Energieträger berechnet.

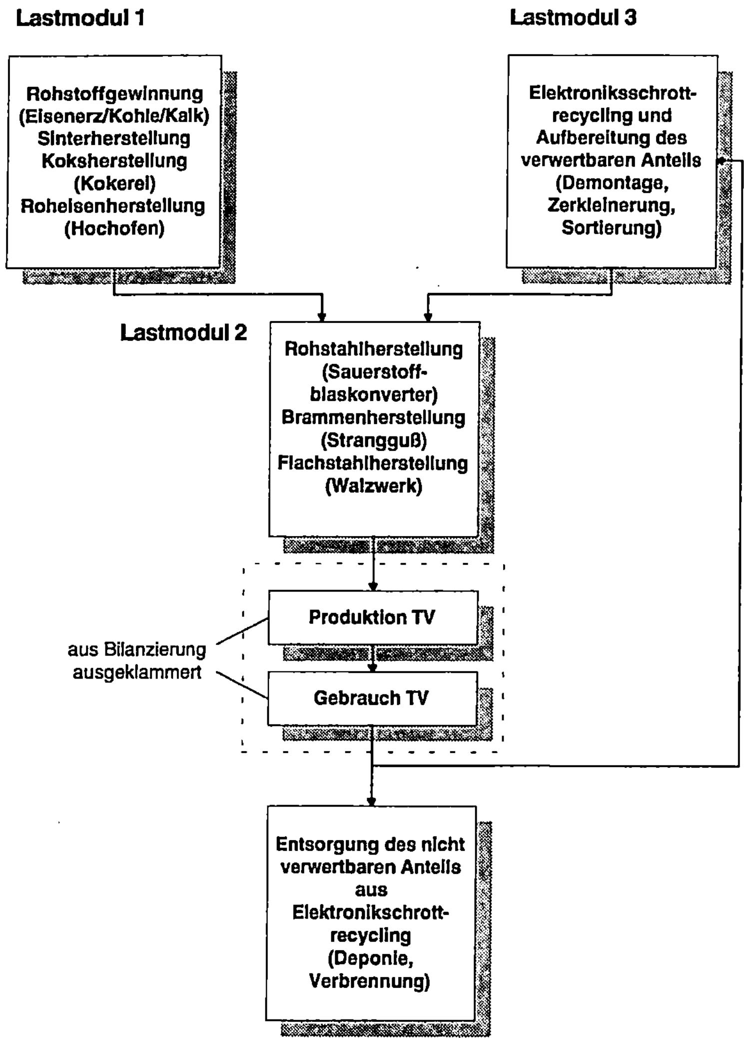

Abb. 9.6. Lastmodule Stahlrecycling

Lastmodul 1 Roheisenherstellung
In diesem Lastmodul ist die Gewinnung und Aufbereitung der Rohstoffe Eisenerz
und Kohle sowie des Hilfsstoffs Kalk bilanziert. Für den Import des Eisenerzes
wird eine Transportstrecke von 7500 km per Hochseeschiff angenommen. An die
Rohstoffaufbereitung schließen sich der Sinterprozeß und die Verkokung der
Kohle an. Koks wird in der Stahlindustrie vorrangig im Hochofenprozeß als
Reduktionsmittel, als Brennstoff und als Stützgerüst genutzt. Im Hochofen
schließlich wird der Eisenerzsinter zu Roheisen geschmolzen.

Tabelle 9.5. Daten Lastmodul Roheisenherstellung

Lastmodul St 1	[kg]	[kWh]	[MJ]	Art
Input				
elek. Energie		0,28		EG
therm. Energie			19,26	EG
EEV			20,28	EG
PEV			23,84	EG
Eisenerz	1,17			FS
Kohle	0,49			BS
Kalk	0,23			HS
Wasser	20,68			BS
Output				
Roheisen	0,89[30]			FS
Abraum	4,68			AB
Filterschlämme	$8,89 \cdot 10^{-3}$			AB
Staub	$24,81 \cdot 10^{-3}$			EM
NO_x	$2,14 \cdot 10^{-3}$			EM
SO_2	$3,48 \cdot 10^{-3}$			EM
CO	$18,90 \cdot 10^{-3}$			EM
CO_2	$1516 \cdot 10^{-3}$			EM
HC	$1,88 \cdot 10^{-3}$			EM

Die im Sinter-, Kokerei- und Hochofenprozeß anfallenden trockenen Filterstäube werden vollständig in den Prozeß zurückgeführt. Filterschlämme werden nur in sehr begrenztem Umfang aufgearbeitet und müssen deponiert werden. Die Hochofenschlacke wird zu 100% weiterverwertet [48].

Lastmodul 2 Feinblechherstellung. Das Lastmodul Feinblechherstellung umfaßt die Prozeßeinheiten Sauerstoffblaskonverter, Pfannenmetallurgie und Stranggußanlage, Warmwalzstraße sowie die Kaltwalzstraße. Bei der Stahlerzeugung im Konverter wird hauptsächlich Roheisen eingesetzt.

---

[30] Für die Herstellung von einem Kilogramm Feinblech benötigt man 0,89 kg Roheisen, die Differenz zu einem Kilogramm wird durch die Zugabe von Stahlschrott in der sich anschließenden Stahlherstellung (Lastmodul St 2) aufgefüllt.

Tabelle 9.6. Daten Lastmodul Feinblechherstellung

Lastmodul St 2	[kg]	[kWh]	[MJ]	Art
Input				
elek. Energie		0,38		EG
therm. Energie			2,73	EG
EEV			4,1	EG
PEV			6,34	EG
Roheisen	0,89			FS
Schrott	0,23			FS
Kalk, Zuschläge	0,08			HS
Wasser	4,48			BS
Output				
Feinblech	1,00			FS
Konverterschlacke	$17,4 \cdot 10^{-3}$			AB
Walzschlamm	$0,001 \cdot 10^{-3}$			AB
Filterstaub	$0,45 \cdot 10^{-3}$			AB
Filterschlamm	$2,8 \cdot 10^{-3}$			AB
Staub	$0,47 \cdot 10^{-3}$			EM
NO_x	$0,56 \cdot 10^{-3}$			EM
SO_2	$1,01 \cdot 10^{-3}$			EM
CO	$16,88 \cdot 10^{-3}$			EM
CO_2	$531 \cdot 10^{-3}$			EM
HC	$0,82 \cdot 10^{-3}$			EM

Das Roheisen enthält noch einen aus metallurgischer Sicht unerwünscht hohen Kohlenstoffgehalt, der durch „Verblasen" mit reinem Sauerstoff entfernt wird, das sogenannte „Frischen". Dabei wird der Kohlenstoff zu Kohlendioxid (CO_2) und Kohlenmonoxid (CO) oxidiert. Andere Begleitelemente werden dabei ebenfalls oxidiert und über spezielle Schlackebildner (z. B. Kalk) gebunden und so aus der Schmelze entfernt. Diese Oxidationsreaktionen sind stark exotherm und führen zu einer starken Aufheizung der Schmelze, was mit steigender Temperatur und Dauer die Rohstahlausbeute durch die zunehmende Oxidation von reinem Eisen mindern würde. Daher wird die Schmelze durch Zugabe von bis zu 30% Stahlschrott (Kühlschrott) gekühlt.

Nach der Sekundärmetallurgie in beheizbaren Pfannen wird der jetzt gefeinte Rohstahl anschließend auf einer Stranggußanlage kontinuierlich zu sogenannten Brammen vergossen, die dann direkt ins Walzwerk gelangen. Nach Durchlaufen der Warmwalz- und Kaltwalzstraße erhält man das gewünschte tiefziehfähige Feinblech.

Lastmodul 3 Stahlaufarbeitung. Die Stahlschrottaufarbeitung umfaßt die mit der Zerkleinerung und Trennung durch Magnetabscheidung verbundenen energetischen Aufwendungen und Emissionen.

Tabelle 9.7. Daten Lastmodul Stahlrecycling

Lastmodul St 3	[kg]	[kWh]	[MJ]	Art
Input				
elek. Energie		0,046		EG
EEV			0,16	
PEV			0,43	
Stahlschrott	1,0			FS
Output				
Stahlgranulat	0,94			FS
Abfälle	0,06			AF
Staub	$0,01 \cdot 10^{-3}$			EM
NO_x	$0,06 \cdot 10^{-3}$			EM
SO_2	$0,11 \cdot 10^{-3}$			EM
CO	$0,02 \cdot 10^{-3}$			EM
CO_2	$20 \cdot 10^{-3}$			EM
HC	$0,09 \cdot 10^{-3}$			EM

Da es bei der Stahlfraktion keinen nicht verwertbaren Anteil gibt wie bei der Kunststoffverwertung, erübrigt sich ein Lastmodul Entsorgung. Der verfahrenstechnisch bedingte nicht verwertbare Anteil von 6% findet sich im Output als Abfall wieder und ist dementsprechend anteilig mit den energetischen Aufwendungen und Emissionen behaftet.

Die folgenden Diagramme und Tabellen zeigen die mit einer Primärproduktion und zwei Recyclingzyklen verbundenen Emissionen, Energie- und Ressourcenverbräuche für die Materialien Kunststoff und Stahl der beiden Geräte. Bei den Diagrammen sind die Ergebnisse unterteilt in Belastungen aus der Produktionsphase, dem Recycling und der durch den Massenverlust bedingten Substitution verlorengegangenen Materials.

Die Resultate für Concept 1700 bei einer Deponierung des nicht verwertbaren Anteils stellt

Abb. 9.7 dar.

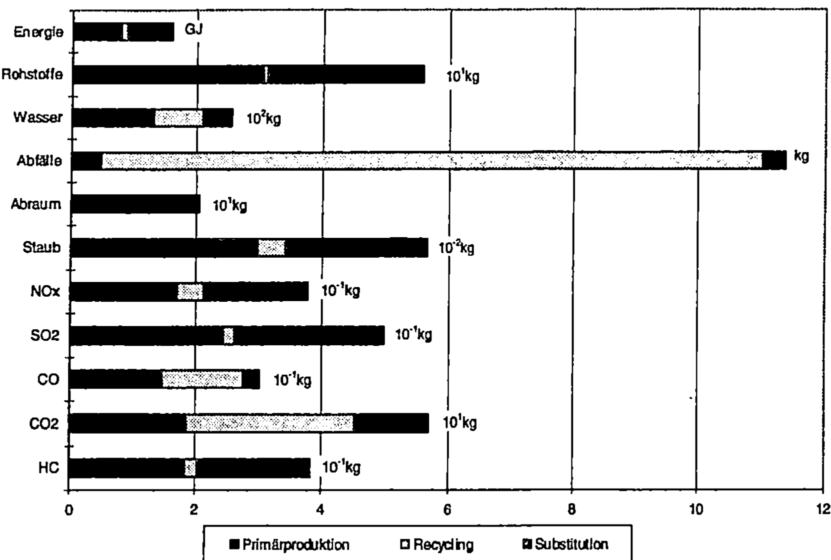

Abb. 9.7. Sachbilanzergebnisse Concept 1700 bei Deponierung des nicht verwertbaren Anteils

In Abb. 9.8 sind die Ergebnisse bei einer Verbrennung des nicht verwertbaren Gehäusekunststoffanteils zusammengestellt.

Wird der Kunststoff einer Verbrennung zugeführt, kann ein Teil der in ihm enthaltenen Energie zurückgewonnen werden. Es ergäbe sich damit eine Energiegutschrift; da die bei der Verbrennung entstehenden Emissionen den Gesamtemissionen zugerechnet werden müßten. Allerdings ist die energetische Nutzbarkeit des Energiegehalts von Kunststoffen beschränkt. Ein Teil der Energie wird für die Eigenbedarfsdeckung des Betriebes der Anlage (Rauchgasreinigung) benötigt. Ferner kommen noch Wandlungsverluste bei der Strom- und Fernwärmegewinnung hinzu. Berghoff ermittelt Durchschnittswerte der Stromabgabe für den praktischen Verbrennungsbetrieb in Hausmüllverbrennungsanlagen, die nach Deckung des Eigenbedarfs der Anlage bei vollständiger Verstromung einen Wirkungsgrad von nur 16% ergaben [49]. Auch die Vereinigung der europäischen Kunststoffhersteller APME kommt in ihren Berichten nur auf einen durchschnittlichen energetischen Wirkungsgrad von 28% bei der Verbrennung von Kunststoffmüll [46]. Aufgrund von Datenlücken, die die Emissionen der Verbrennung von Kunststoffen betreffen, kann hier nur eine grobe Bilanzierung für die Verbrennung vorgenommen werden. Aspekte der möglichen Schadstofffreisetzung müssen unberücksichtigt bleiben.

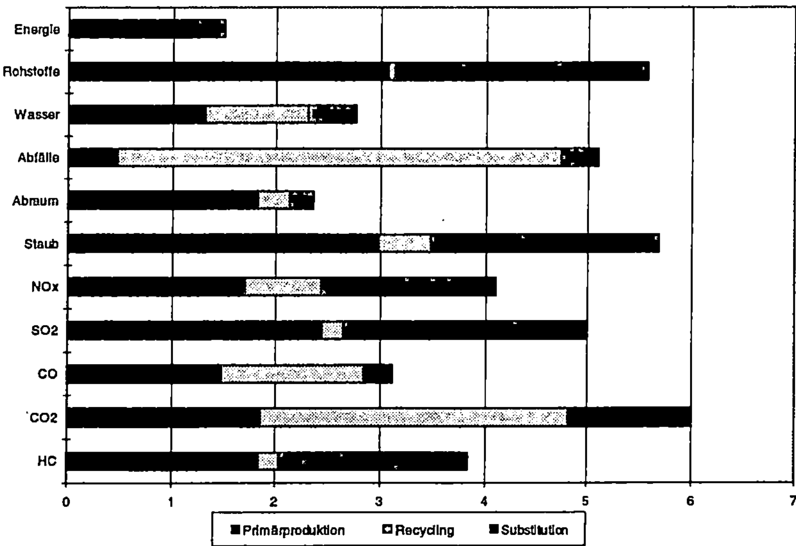

Abb. 9.8. Sachbilanzergebnisse Concept 1700 bei Verbrennung des nicht verwertbaren Kunststoffanteils

Die Werte für die drei Lebenszyklen des Prototyps zeigt Abb. 9.9:

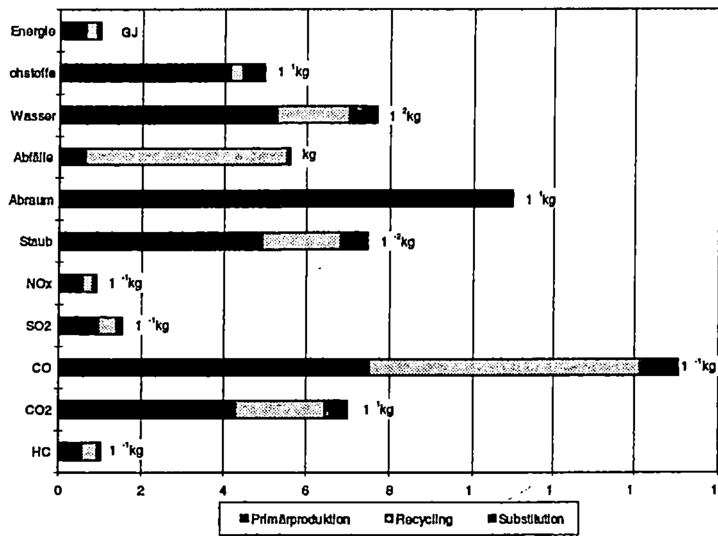

Abb. 9.9. Sachbilanzergebnisse Prototyp

Tabelle 9.8 faßt die quantitativen Ergebnisse der Sachbilanz in tabellarischer Form zusammen.

Tabelle 9.8. Zusammenstellung der quantitativen Ergebnisse der Sachbilanz

	Concept 1700		Prototyp
	Deponie	Verbrennung	
Energie (in GJ)	1,600	1,472	0,980
	(in kg)	(in kg)	(in kg)
Rohstoffe	55,800	55,800	49,800
Wasser	256,200	276,800	767,500
Abfälle	11,380	5,110	5,590
Abraum	20,550	23,610	109,840
Staub	0,057	0,057	0,074
NO_x	0,379	0,410	0,091
SO_2	0,498	0,500	0,154
CO	0,303	0,311	1,506
CO_2	56,980	60,000	69,980
HC	0,383	0,383	0,103

9.4 Wirkungsanalyse

Die Wirkungsbilanz soll die in der Sachbilanz als Frachten ermittelten Emissionen im Hinblick auf ihre möglichen Wirkungen auf Mensch und Umwelt beschreiben. Da es sich bei dieser ökobilanzierenden Untersuchung um eine Parameterstudie handelt, die Emissionen also nach Einzelstoffen ohne Berücksichtigung der lokalen Expositionssituation aggregiert, ist eine konkrete Beschreibung der Wirkungen aufgrund fehlender Immissionsprofile nicht möglich. Daher wird hier von einer Wirkungsanalyse gesprochen, die sich auf eine allgemeine Beschreibung der möglichen Wirkungen beschränkt und im einzelnen auf die für die Stoffe bestehenden Schwierigkeiten in bezug auf die Abschätzung ihrer Wirkungen eingeht.

Zudem besteht im Bereich der Wirkungsbilanz noch der größte Forschungsbedarf in bezug auf Vorgehensweise und die komplexen Wirkungszusammenhänge von Umweltschadstoffen.

Schwefeldioxid (SO₂)

Die Schadwirkungen des bei der Verbrennung von schwefelhaltigen Brennstoffen entstehenden Schwefeldioxids erstrecken sich auf zwei Wirkungsbereiche. Aus humantoxischer Sicht können Schwefeldioxid-Emissionen zu Atemwegsreizungen und -erkrankungen führen. Auf ökologischer Ebene ist die Mitwirkung auch niedriger SO_2-Belastungen sowohl an der Versauerung der Böden und Gewässer, an Waldschädigungen als auch an Bauwerks- und Materialschäden unbestritten. Die Wirkung wird in Abhängigkeit von den Witterungsverhältnissen in einiger Entfernung von den Quellen hauptsächlich durch den Niederschlag ausgelöst. Das Ausmaß der Wirkungen ist von den lokalen Gegebenheiten abhängig. Die Wirkungen auf die Umwelt haben daher einen eher lokalen Effekt und sind durch die Frachten, wie sie in der Sachbilanz angegeben sind, nur unzutreffend zu beschreiben.

Stickoxide (NOₓ)

Unter NO_x faßt man die nitrosen Gase Stickstoffmonoxid (NO) und Stickstoffdioxid (NO_2) zusammen. Als Wirkungen sind vor allem die atmosphärischen Reaktionen mit UV-Licht zu Ozon (die sog. Bildung von Photooxidantien) sowie die Beteiligung am sauren Regen zu nennen. Das bei Verbrennungsprozessen anteilig nur gering entstehende Stickstoffdioxid (ca. 5%) kann in hohen Konzentrationen als Reizgas für die Schleimhäute wirken.

Die Bildung von Photooxidantien ist an bestimmte Emissionen gebunden, die in Bodennähe aus lokalen Quellen austreten. Da die Menge der Photooxidantien zudem von den örtlichen Witterungsverhältnissen abhängig ist, läßt sich eine definierte Konzentration ebensowenig wie die Expositionssituation aus den Sachbilanzdaten ableiten. Der Anteil an der Versauerung durch die Bildung von salpetriger Säure und Salpetersäure wird auf etwa ein Drittel eingeschätzt; auch hier gilt das für die Wirkungen des Schwefeldioxids gesagte [50].

Kohlenmonoxid (CO)

Kohlenmonoxid entsteht vor allem bei unvollständigen Verbrennungsprozessen. Kohlenmonoxid kann in hohen lokalen Konzentrationen giftig wirken. Es wird ferner als indirekt wirkendes Treibhausgas eingestuft [51]. Das Wirkungspotential läßt sich jedoch aufgrund der komplizierten Reaktionsabläufe in der Atmosphäre nicht quantifizieren.

Kohlendioxid (CO_2)

Das bei der Verbrennung von fossilen Energieträgern freiwerdende Kohlendioxid trägt zur Verstärkung des Treibhauseffektes bei, der anthropogen verursachten Klimaänderung der Erde. Vom wissenschaftlichen Standpunkt aus erscheint es vertretbar, aus den ermittelten Frachten (z.B kg/Produkt) auf diese Wirkung zu schließen.

Staubemissionen

Staub liegt heutzutage fast ausschließlich als Feinstaub vor. Humantoxische Wirkungen gehen vor allem von schadstoffbeladenen Stäuben aus. Als kritisch sind hier besonders die schwermetallhaltigen Bestandteile wie Cadmium, Blei und Zink einzustufen.

Schwermetalle gelten allgemein als typische Kumulationsgifte deren Wirkungen grundsätzlich zwar reversibel sind. Die Ausscheidung der im Körper angesammelten Gifte erfolgt jedoch sehr langsam. Bei ständiger weiterer Giftzufuhr findet daher eine Anreicherung im Körper statt.

Blei ist ein typischer Schadstoff, der sich in der Nahrungskette akkumuliert, was sein Gefährdungspotential deutlich erhöht. Blei wirkt im Organismus als Enzymgift und kann dort die Bildung von roten Blutkörperchen stören, das zentrale und periphere Nervensystem beeinträchtigen sowie zu Nierenschädigungen und Erbgutveränderungen führen. Ein Krebsrisiko wird nicht ausgeschlossen.

Cadmium ist wesentlich besser wasserlöslich als die relevanten Blei- oder Quecksilberverbindungen. Es ist damit sehr mobil und wird gut von Pflanzen aufgenommen, was zu einer Akkumulierung in der Nahrungskette führt. Cadmium ist als krebserzeugend im Tierversuch eingestuft worden und kann zu irreversiblen Nierenschädigungen führen [52].

Auch bei den Staubemissionen läßt sich aus den Daten der Sachbilanz aufgrund fehlender Angaben über Emissionsort, -dauer und -verhältnisse keine spezifische Wirkung beschreiben.

Kohlenwasserstoffe

Die organischen Emissionen umfassen eine Vielzahl von Stoffen, deren direkte Einwirkungen auf den Menschen und die Umwelt sehr unterschiedlich zu beurteilen sind. Zu nennen sind vor allem die aromatischen Kohlenwasserstoffe wie Benzol oder Xylol, die als typische Emissionen bei der Weiterverarbeitung von Erdöl, aber auch bei Kokereiprozessen, auftreten.

Einige humantoxische organische Verbindungen sind krebserzeugend. Sie fallen in die Gruppe der Summationsgifte, d. h. ihre Wirkung ist irreversibel und summiert sich im Laufe der Zeit. Entscheidend ist bei diesen Giften die aufgenommene Gesamtmenge unabhängig vom Zeitraum der Aufnahme.

Eine weitere relevante Stoffgruppe ist die der halogenierten Kohlenwasserstoffe, die unter bestimmten Bedingungen zur Bildung von Dioxinen und Furanen beitragen können, deren krebserregende Wirkung in der jüngsten Studie der US-amerikanischen Umweltbehörde EPA bestätigt wurde [53]. Spezifische Aussagen sind auch hier wegen der unzureichenden Datenlage und der Komplexität der Dioxin- und Furanbildung nicht möglich.[31]

---

[31] Allerdings sind gerade Sinteranlagen in der jüngsten Zeit als bedeutende Dioxinquellen in den Vordergrund getreten. Nach den ersten Ergebnissen eines Dioxinmeßprogramms des UBA im Eisen- und Stahlbereich ist die Höhe der Dioxinemissionen im erheblichen Maße abhängig von den im Prozeß eingesetzten Stoffen. So können bei Sinteranlagen durch einen Verzicht auf den Einsatz stark ölverschmutzter Walzzunder Dioxinemissionen erheblich reduziert werden [80]. Diese ersten Resultate bestätigen die Ergebnisse einer schwedischen Studie, bei der die Abhängigkeit der Dioxinemissionen von der Höhe des Chloreintrages in den Stahlherstellungsprozeß festgestellt wurde [81]. Bandt leitet daraus Überlegungen zur Substituierung von PVC und chlorierten Schmierstoffen ab, um so eine Chlorentfrachtung des Schrottes und damit verbunden eine Reduzierung der Dioxin- und Furanemissionen im Stahlbereich zu erreichen [82]. Diesem Ansatz wird im Konzept des Prototyps durch den Verzicht auf chlorhaltige Substanzen Rechnung getragen.

10 Bewertung und Optimierungspotentiale

Die quantitativen Ergebnisse der Sachbilanz lassen keine eindeutige Bewertung über die Entsorgungsfreundlichkeit der beiden bilanzierten Geräte und den damit verbundenen Umweltentlastungen zu (vgl. auch Abb. 10.1 und Abb. 10.2).

Der Energiebedarf für die drei bilanzierten Lebenszyklen des Concept 1700 liegt mit 1,6 GJ um 0,62 GJ höher als die für den Prototyp benötigte Menge von 0,98 GJ. Dies liegt vor allem an dem hohen nicht-energetischen Energiebedarf bei der Kunststoffherstellung (71,7 MJ/kg Polystyrol) und der höheren zu substituierenden Menge durch eine geringere Recyclingquote. Eine Verbrennung des nicht verwertbaren Kunststoffanteils des Concept 1700 reduziert den Gesamtenergiebedarf aufgrund des schlechten Wirkungsgrades nur um 0,13 GJ.

Auch der Rohstoffbedarf des Concept 1700 liegt mit 55,8 kg Erdöl höher als der des Prototyps mit insgesamt 49,8 kg (Eisenerz, Kohle und Kalk). Ausschlaggebend ist hierfür die benötigte spezifische Rohstoffmenge (3,45 kg/kg Polystyrol gegenüber 1,89 kg Eisenerz, Kohle und Kalk/kg Stahl) und wiederum die unterschiedliche Menge wiederzuverwertenden Materials.

Der Wasserbedarf liegt beim Prototyp mit insgesamt 768 kg rund 500 kg höher als beim Concept 1700 (256 kg). Hierbei spielt vor allem das hohe Temperaturniveau der Stahlherstellungsprozesse eine Rolle, das einen entsprechenden Kühlbedarf nach sich zieht.

Bei der Abfallmenge entscheidet die Behandlungsart über die verbleibende Restmenge. Wird der nicht verwertbare Kunststoffanteil mitdeponiert, so sind beim Prototyp insgesamt 5,6 kg zu entsorgen gegenüber 11,4 kg beim Concept 1700. Führt man aber die nicht verwertbaren Kunststoffanteile des Concept 1700 einer Verbrennung zu, sinkt die Menge sogar unter die des Prototyps auf 5,1 kg.

Erheblich ist der Unterschied des bei der Rohstoffgewinnung anfallenden mineralischen Abraums. Hier entsteht durch die Produktion des Prototyps gut die fünffache Menge (109,8 kg/20,5 kg). Auch wenn die mit dem Abraum verbundene Problematik außerhalb der Bilanzgrenzen liegt, ist ihr doch Beachtung zu schenken.

Auch die vom Prototyp verursachten Staubbelastungen liegen mit insgesamt 74,5 g höher als die des Concept 1700 (56,6 g). Hierbei ist allerdings anzumerken, daß ein Großteil der Staubentwicklungen bei der Rohstoffgewinnung anfallen (z. B. 72 g/kg Kalk); als kritisch sind aber vor allem die schwermetallhaltigen Staubemissionen bei der Stahlherstellung zu bewerten.

Bei den Stickoxid- und Schwefeldioxidemissionen sind beim Concept 1700 im Vergleich zum Prototyp rund 4- bzw. 3-fache Mengen festzustellen (No_x: 0,379 kg/0,091 kg und SO_2: 0,498 kg/0,154 kg).

Der Kohlenmonoxidausstoß ist während der Lebenszyklen des Prototyps wegen der vielen unvollständigen Verbrennungsprozesse (Kokerei/Hochofen) um den Faktor fünf größer als beim Concept 1700 (1,5 kg/0,3 kg).

Mit rund 70 kg CO_2 liegen die Emissionen beim Prototyp in diesem Bereich trotz eines insgesamt niedrigeren Gesamtenergieverbrauchs um 13 kg über denen des Concept 1700. Ursache hierfür ist der CO_2-neutrale nicht-energetische Energiebedarf bei der Kunststoffherstellung für den Concept 1700. Auch eine Verbrennung des nicht verwertbaren Kunststoffs führt zu keiner Umkehrung der Werte (Concept 1700: 60 kg CO_2).

Die Emissionen von Kohlenwasserstoffen dagegen liegen wiederum beim Concept 1700 mit 0,383 kg um rund 0,280 kg höher als beim Prototyp.

Diese Beschreibungen zeigen, daß die Produktion und das Recycling bzw. die Entsorgung bei beiden Geräten auf jeweils unterschiedlichen Feldern zu Belastungen führen.

Konzentriert man sich auf die Kernfrage der Entsorgung, so sind die entstehenden Abfallmengen zumindest bei einer Verbrennung der nicht verwertbaren Kunststoffe annähernd gleich. Die genauen Auswirkungen der Verschiebung der Belastungen in das Medium Luft lassen sich in diesem Rahmen nicht beantworten. Allerdings ist in der zur Deponierung verbleibenden Abfallmenge des Concept 1700 ein weit höheres Schadstoffpotential durch die anteilig höhere Menge an elektronischen Bauteilen und durch die flammhemmerhaltige Leiterplatte auszumachen (pro Lebenszyklus 669 g elektronische Bauteile und 243 g duroplastisches Leiterplattenmaterial mit 4-8 Gew.-% TBBA und SbO_3-Zusätzen gegenüber 409 g elektronische Bauteile beim Prototyp). In der Abfallmenge des Prototyps sind aber auch insgesamt ca. 255 g schwermetallhaltige Filterstäube und -schlämme aus der Stahlerzeugung enthalten.

Für genauere Aussagen, die Schadstoffhaltigkeit des entstehenden Abfalls betreffend, ist das zur Verfügung stehende Datenmaterial nicht ausreichend. So sind zwar die durchschnittlichen Schwermetallgehalte von Filterstäuben aus der Stahlproduktion veröffentlicht, die Produktionsabfälle bei der Kunststoffherstellung in der hier verwendeten Quelle aber nicht weiter aufgeschlüsselt. So ist nicht bekannt, was im einzelnen in den Kategorien Industrieabfälle, mineralische Abfälle, Schlacke und Asche, toxische Chemikalien und nicht toxische Chemikalien enthalten ist. Hier wäre eine tiefergehende Untersuchung zur Klärung der Frage notwendig.

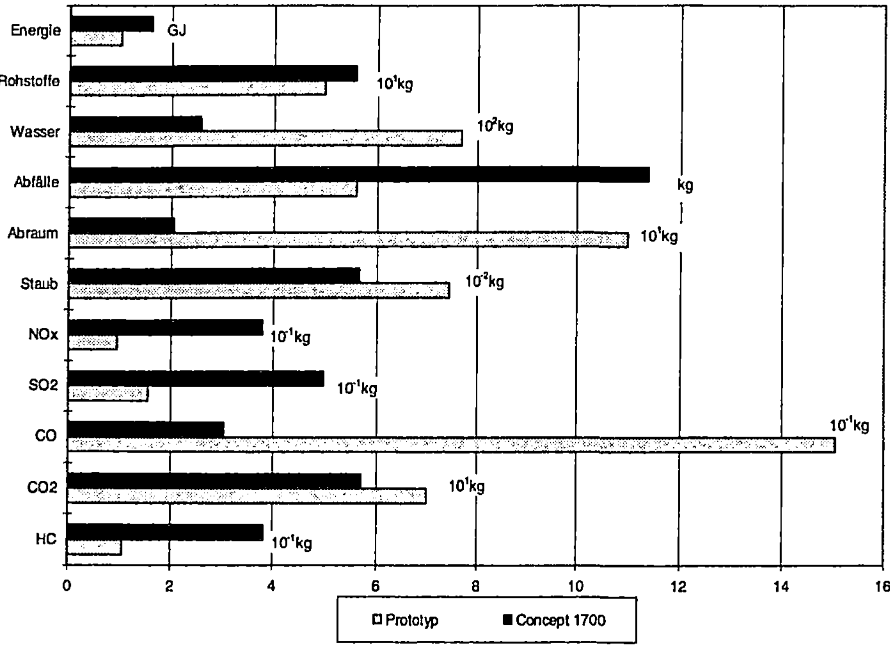

Abb. 10.1. Vergleich der Sachbilanzergebnisse zwischen Prototyp und Concept 1700 bei Deponierung der nicht verwertbaren Anteile

Eine Auswertung der Ergebnisse anhand der mehr qualitativ orientierten Kriterien führt zu den folgenden Ergebnissen (vgl. auch Abb. 10.3):

Umfang der in den Stoffkreislauf zurückgeführten Materialmenge

Von den 12,41 kg der Input-Menge des Concept 1700 konnten nach dem bilanzierten Aufbereitungsverfahren 7,65 kg auf stofflich hohem Niveau zurückgeführt werden. Das entspricht einer Verwertungsquote von 61,6 %.

Die Verwertungsquote des Prototyps liegt dagegen mit 90,2%. deutlich höher. Hier konnten 21,47 kg von 23,80 kg Input nach der Aufbereitung wiederverwertet werden.

Verwendung von recyclingfreundlichen Werkstoffen

Die im Concept 1700 verwendeten Kunststoffe sind nur sehr bedingt als recyclingfreundlich zu bezeichnen. Eine sortenreine Trennung als Voraussetzung für ein Recycling auf hohem Niveau ist aufgrund zur Zeit fehlender sicherer Identifikationsverfahren nur unter bestimmten Umständen zu realisieren (z. B. firmeneigene Verwertungsverfahren). Erschwerend kommt die Vielfalt der sich auf dem Markt befindlichen technischen Kunststoffarten bzw. -modifikationen hinzu. Heute sind rund 200 in der chemischen Struktur unterschiedlicher Kunststoffe und rund 10.000 verschiedene Compounds aus diesen Kunststoffen im Einsatz [54]. Gegenüber reinen Kunststoffen ist die Wiederverwertung von Kunststoffblends wie das hier verwendete Noryl zusätzlich limitiert. Das für die Leiterplatte verwendete duroplastische Material mit halogenhaltigen Flammhemmern und Antimontrioxid-Zusätzen entzieht sich aufgrund der Schadstoffhaltigkeit einem Recycling und muß angemessen entsorgt werden.

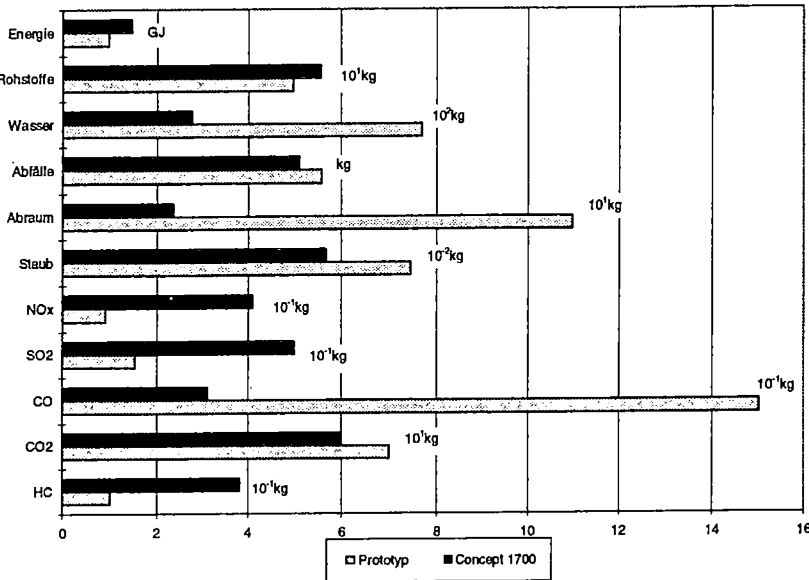

Abb. 10.2. Vergleich Sachbilanzergebnisse bei Verbrennung der nicht verwertbaren Kunststoffanteile

Der im Prototyp verwendete Werkstoff Stahl ist für seine Recyclingfähigkeit bekannt. Eine Trennung von anderen Materialien ist aufgrund der magnetischen Eigenschaften des Stahls leicht zu realisieren. Die Wiederverwertung durch erneutes Einschmelzen ist Stand der Technik. Es existiert ferner ein funktionierender Sekundärrohstoffmarkt für Stahlschrott.

Das als Leiterplatte eingesetzte Keramikmaterial wird aufgrund der nahezu unbegrenzten Verfügbarkeit der benötigten Rohstoffe in keinem Verfahren recycelt. Keramik kann aber als inert angesehen und damit dementsprechend umweltneutral deponiert werden.

Schadstoffarme Werkstoffauswahl

Über das Schadstoffpotential der im Noryl als Flammhemmer verwendeten Phosphorester-Verbindungen liegen keine Untersuchungsergebnisse vor. Für die im

Concept 1700 verwendeten Gehäusewerkstoffe wird daher von einer schadstoffarmen Werkstoffauswahl ausgegangen. Das größte Schadstoffpotential liegt in der Leiterplatte mit bis zu max. 19 g TBBA und Antimontrioxid-Anteilen. Ferner enthalten eine Reihe der elektronischen Bauteile nicht näher quantifizierbare Mengen an schadstoffhaltigen Inhaltsstoffen. Hier sind wiederum die halogenorganischen Flammhemmer in den Gehäusevergußmassen zu nennen.

Stahl, Glas und Keramik stellen schadstoffarme Werkstoffe dar. Schadstoffpotentiale sind auch beim Prototypen in den elektronischen Bauteilen festzustellen. Allerdings konnte hier ein großes schadstoffhaltiges Bauteil, die Leiterplatte, durch schadstofffreie Keramik substituiert werden. Weiterhin sind Anzahl und Gewicht der elektronischen Bauteile um 260 g reduziert; man kann damit von einer anteiligen Reduzierung des Schadstoffinhalts der Elektronik ausgehen.

Demontagefreundlichkeit

Bei beiden Geräten sind aufgrund des konstruktiven Aufbaus, nach Abnahme der Rückwand bzw. des hinteren Gehäuseteils, die Bauteile Bildröhre und Elektronikchassis gut zugänglich und leicht zu demontieren. Da es wahrscheinlich ist, daß die Umstellung des Prototypen auf eine Serienfertigung eine Vielzahl von konstruktiven Detailänderungen nach sich zieht, die in der einen oder anderen Weise die Demontagefreundlichkeit beeinflussen, wurde von einer Ermittlung der Demontagezeit abgesehen. Eine Bewertung dieses Kriteriums wird daher nicht vorgenommen.

Minderung der Werkstoffvielfalt

Die Anzahl der verwendeten Materialarten - ohne Berücksichtigung der elektronischen Bauteile - ist bei dem Prototyp um die Hälfte auf sechs verschiedene Materialien reduziert. Vor allem die Vielfalt der Kunststoffe konnte von acht auf drei verringert werden. Dabei ist allerdings zu erwähnen, daß vier der im Concept 1700 vorhandenen Kunststoffarten in Kleinteilen mit je weniger als 50 g Verwendung finden.

Durch die gute Wärmeleitfähigkeit der Keramiksubstrate und des Stahls sind die im Concept 1700 benötigten Kühlbleche aus Aluminium und Kupfer zur Abführung der Verlustleistungswärme überflüssig geworden.

Die zusätzliche Glasscheibe des Prototyps stellt keine zusätzliche Materialart im eigentlichen Sinne dar, da die Bildröhre aus dem gleichen Material besteht. Diese ist aber aus der Bilanzierung ausgeklammert, daher muß die Scheibe, zur Wahrung des Symmetrieprinzips der Bilanz, in dieser Bewertung als zusätzliches Material angesehen werden.

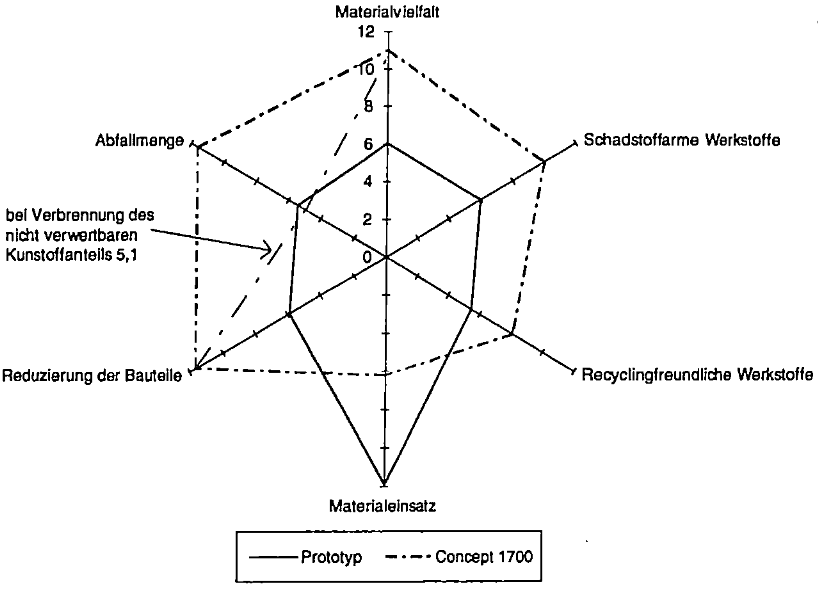

Abb. 10.3. Darstellung der Bewertungsergebnisse[32]

Minderung des Materialeinsatzes

Hier liegt die im Prototyp eingesetzte Materialmenge mit 22,04 kg deutlich höher als beim Concept 1700 mit 12,41 kg eingesetztem Material.

Somit kann gesagt werden, daß anhand der mehr qualitativ orientierten Kriterien eine eindeutige Aussage über die Entsorgungsfreundlichkeit der Geräte möglich ist. Abb. 10.3 zeigt noch einmal zusammenfassend die für die Entsorgung relevanten Ergebnisse. Hier ist zu erkennen, daß bei 5 bzw. 4 von 6 gewählten Kriterien eine Verbesserung erzielt worden ist, die zu einer Umweltentlastung bei der Entsorgung eines Fernsehgerätes beitragen kann. Das Kon-

---

[32] Die hier verwendete Darstellungsweise wird benutzt, um mehrere Kriterien, die Einfluß auf eine Eigenschaft haben, anschaulich darzustellen. Die Skalierung ist so gewählt, daß je entsorgungsfreundlicher ein Produkt sich verhält, desto kleiner seine Fläche zum Nullpunkt hin wird. Dieses Diagramm ist nicht als maßstabsgetreue Darstellung von Ergebnissen zu interpretieren, sondern soll die Ergebnisse einer Bewertung anschaulich auf einen Blick darstellen. Quantifizierbare Ergebnisse wurden der Skalierung angepaßt (z.B. Bauteilanzahl durch 100 = Wert für Kriterium „Bauteilreduzierung"). Andere, nur qualitativ zu ermittelnde Ergebnisse wie „Schadstoffarme Werkstoffe", wurden so gewählt, daß sie das Ergebnis der Bewertung widerspiegeln.

zept, schadstoffhaltige Bauteile durch schadstofffreie Materialien, die für die speziellen Anforderungen im Bereich der Unterhaltungselektronik besser geeignet sind, zu substituieren, kann demnach zu einer Verringerung des Aufkommens von schadstoffhaltigem Abfall beitragen.

Allerdings sind mit dieser Entlastung im Abfallbereich bei dem untersuchen Prototyp Erhöhungen von Umweltbelastungen in anderen Bereichen verbunden.

10.1 Schwachstellenanalyse und Optimierungsvorschläge

Basierend auf den Ergebnissen der ökobilanzierenden Untersuchung lassen sich folgende Schwachstellen identifizieren:

Hoher Materialeinsatz

Zentrales Problem ist der zu hohe Materialeinsatz, der sich im Gewicht des Prototyps widerspiegelt. Zwar konnten im Bereich der Elektronik Einsparungen realisiert werden, aber mit rund 17 kg Stahl für Gehäuse und Chassisträger liegt das Gewicht dieser Bauteile fast um das Dreifache höher als das der entsprechenden Teile des Concept 1700. Gekoppelt mit diesem hohen Materialeinsatz sind die entsprechenden Emissionen, Energie- und Rohstoffverbräuche.

Ausschlaggebend für den hohen Materialeinsatz sind vor allem die bei der Einzelanfertigung des Prototyps verwendeten Blechstärken, die wegen des hier noch eingesetzten Edelstahls zur leichteren Verarbeitung sehr hoch gewählt wurden. So wiegen alleine die beiden Frontblenden mit 7 mm Stärke schon über vier Kilogramm. Die Reduzierung der Blechstärke ohne Stabilitätsverlust ist mit dem Einsatz von Tiefziehstahl als Gehäusematerial ohne weiteres möglich. Eine überschlägige Rechnung ergibt bei Reduzierung der Blechstärke von jetzt durchschnittlichen 1,5 mm auf mögliche 0,5 mm und damit eine Gewichtsreduzierung um ca. 11 kg auf knapp 7 kg. Damit läge der Materialeinsatz in kg für Gehäuse und Chassisträger in annähernd der gleichen Größenordnung wie beim Concept 1700.

Materialvielfalt

Auch wenn die Materialvielfalt im Prototyp schon drastisch gesenkt werden konnte, stellt die Verwendung von Keramik als Leiterplatte ein zusätzliches Material dar, dessen Einsatz von einigen Entsorgern als zwiespältig betrachtet wird, ohne jedoch hierfür nähere plausible Gründe zu nennen. Abgesehen davon, daß Keramik sowieso schon in einigen elektronischen Bauteilen zur Anwendung kommt und damit in den Verwertungsprozeß Eingang findet, bietet die Möglichkeit, elektronische Schaltungen auf sogenannten Metallkernsubstraten zu realisieren, eine interessante Alternative. Hier wird als Basissubstrat z. B. ein Stahlblech verwendet, auf das eine dünne Isolierschicht aus kupferkaschierten

Epoxidharz-Glashartgewebe aufgetragen wird. Aus der Kupferkaschierung können, wie bei der jetzigen Leiterplattenherstellungstechnik üblich, die Leiterbahnen geätzt werden. Flammschutzmaßnahmen könnten aufgrund der guten Wärmeleitfähigkeit und Unbrennbarkeit des Stahlblechs und der geringen Stärke des brennbaren Epoxidharzmaterials entfallen.

Elektronische Bauteile

Der größte und gleichzeitig am schwersten zu realisierende Optimierungsbedarf liegt bei den elektronischen Bauteilen. So scheitert auch die Umsetzung des ursprünglich geplanten Konzepts, den gesamten Fernseher nach Demontage der Bildröhre der Stahlschmelze zuzuführen, vor allem an dem Vorhandensein von halogenhaltigen Flammhemmern in den Gehäusegußmassen einiger elektronischer Bauteile. Hier setzt die Abhängigkeit der Geräteproduzenten von den Zulieferern, die keine schadstofffreien Alternativen anbieten, Grenzen. Aber auch die noch mangelnde Zuverlässigkeit und die momentane Kostensituation verhindern zur Zeit noch die Realisierung von schadstofffreien Varianten.

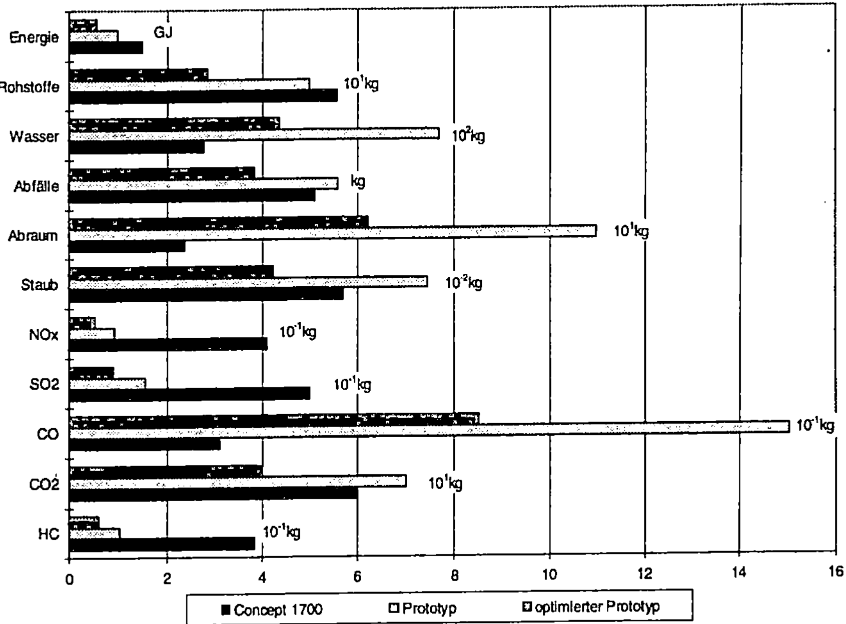

Abb. 10.4. Vergleich der Sachbilanzergebnisse mit einem optimierten Prototyp

Hier ist entscheidend, daß hinsichtlich der Entsorgung von elektronischen Bauteilen auch bei den Herstellern dieser Komponenten Interesse geweckt wird. Bei

einigen Produzenten ist bereits eine große Kooperationsbereitschaft - die Schadstoffentfrachtung ihrer Produkte betreffend - vorhanden.

In Abb. 10.4 sind die möglichen positiven Auswirkungen der Umsetzung der
oben gemachten Optimierungsvorschläge verdeutlicht. Dazu wurde das aus der
Sachbilanz bekannte Diagramm, das die mit der Primärproduktion und zwei
Recyclingzyklen verbundenen Auswirkungen darstellt, um einen optimierten
Prototyp erweitert.

Es zeigt sich, daß naturgemäß mit einer Verringerung der eingesetzten Ma-
terialmenge ein entsprechender Rückgang der Umweltbelastungen verbunden ist.
Jetzt liegen die mit der Produktion, dem Recycling und der Entsorgung eines
optimierten Prototypen zusammenhängenden Umweltbelastungen in nahezu allen
Feldern unter denen des konventionellen Gerätes. Die Abfallmenge liegt jetzt bei
3,84 kg gegenüber 5,11 kg beim Concept 1700, sofern der nicht verwertbare
Kunststoffanteil einer Verbrennung zugeführt wird. Der Anteil der in der
Abfallmenge enthaltenen schwermetallhaltigen Filterschlämme und -stäube hat
sich gegenüber dem nicht optimierten Prototyp um 167g auf 88g reduziert. Das
Schadstoffpotential durch die elektronischen Bauteile liegt nach wie vor weit
unter dem des Concept 1700.

Tabelle 10.1. Tabellarischer Vergleich der Sachbilanzergebnisse (inkl. optimierter Prototyp)

	Concept 1700		Prototyp	optimierter Prototyp
	Deponie	Verbrennung		
Energie (in GJ)	1,600	1,472	0,980	0,560
	(in kg)	(in kg)	(in kg)	(in kg)
Rohstoffe	55,800	55,800	49,800	28,360
Wasser	256,200	276,800	767,500	434,600
Abfälle	11,380	5,110	5,590	3,842
Abraum	20,550	23,610	109,840	62,150
Staub	0,057	0,057	0,074	0,042
NO_x	0,379	0,410	0,091	0,053
SO_2	0,498	0,500	0,154	0,089
CO	0,303	0,311	1,506	0,852
CO_2	56,980	60,000	69,980	39,690
HC	0,383	0,383	0,103	0,059

Auch bei den qualitativen Kriterien für eine recyclingfreundliche Gestaltung
zeigt sich eine Verbesserung der Ergebnisse (Abb. 10.5).

Abschließend läßt sich sagen, daß für einen optimierten Prototyp eine eindeutige Verbesserung der Entsorgungsfreundlichkeit festzustellen ist. Die Ergebnisse der Sachbilanz zeigen in dem überwiegenden Teil der bilanzierten
Felder deutliche Minderungen der Umweltbelastungen. Die in drei von insgesamt

11 untersuchten Bereichen verbleibenden Mehrbelastungen liegen in einem vertretbaren Rahmen.

Es ist daher zu empfehlen, das Konzept einer schadstoffminimierten Elektronik in Kombination mit darauf abgestimmten recyclingfähigen Materialien, die den spezifischen Anforderungen im Bereich der Unterhaltungselektronik besser angepaßt sind, weiter zu entwickeln und konsequent in die Produkte umzusetzen. Hier zeigt sich, daß durch den gewählten Ansatz - Rückverfolgung und Beseitigung eines Problems in seinem Ursprung - erhebliche Probleme am Ende einer Kette vermieden werden können bzw. sich erheblich mindern lassen. Angesichts der sich zukünftig noch weiter verschärfenden Elektronikschrottproblematik sind intelligente Lösungen, wie die in dieser Arbeit untersuchte, mehr gefragt denn je.

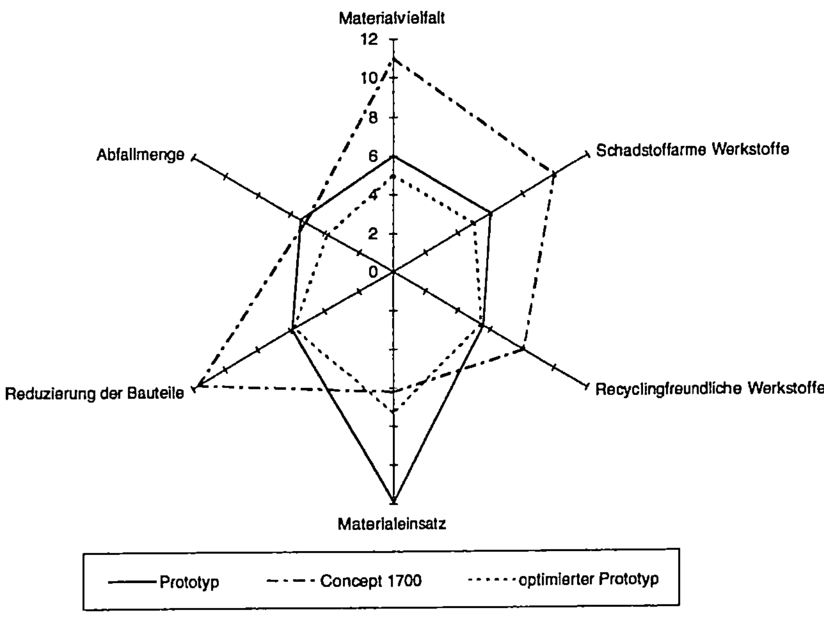

Abb. 10.5. Vergleich der Ergebnisse der Bilanzbewertung mit einem optimierten Prototyp

11 Logistikkonzepte zur Rücknahme und Verwertung von Fernsehgeräten

Es ist evident, daß für die Umsetzung neuer Prinzipien und Konzepte der ökologischen Produktgestaltung die traditionellen Formen der Entsorgungslogistik, die sich ausschließlich mit den Abfällen beschäftigen, nicht mehr ausreichen. Während diese bestenfalls auf eine teilweise Verwendung von Teilprodukten sowie auf eine Abfallverwertung und schadstoffarme Verbrennung und Ablagerung abzielten, sind für eine ressourcenschonende Wirtschaft mit ökologischer Produktgestaltung ganz neue Logistiksysteme erforderlich. Ökologische Produktgestaltung kann überhaupt nur dann einen relevanten Beitrag zu einer 'sustainable economy' liefern, wenn Logistiksysteme aufgebaut werden, die den Gestaltungsvorgang neuer Produkte über den gesamten Lebenszyklus im Sinne der Ressourcenminimierung (Stoffe und Energie) und Kreislaufführung der Wertstoffe fördern. Gesamtwirtschaftlich geht es dabei um nichts Geringeres als die Entwicklung geeigneter politischer Rahmenbedingungen für ein zukunftsfähiges Stoffstrommanagement.[33]

Aus Sicht der Wirtschaftsbranchen und Unternehmen müssen hierfür nicht nur für die einzelnen Bereiche entlang der Produktlinie, also für

- Ressourcenerschließung und Materialbeschaffung,
- Vorproduktion und Teilproduktbeschaffung,
- Entwicklung und Produktion,
- Marketing und Distribution,
- Rückholung und Rückführung und
- Recycling und schadstoffarme Reststoffverbringung

neue Logistikkonzepte entwickelt, sondern diese im Sinne eines optimalen Ressourcenmanagements auch noch vernetzt werden. Daß es sich hier um eine für Politik, Wirtschaft, Wissenschaft und Öffentlichkeit bzw. Verbraucher und Verbraucherorganisationen gleichermaßen bedeutende Zukunftsaufgabe handelt, muß nicht besonders betont werden. Eine tendenziell notwendige "ganzheitliche" Logistik" für die ökologische Produktentwicklung und Kreislaufführung gibt es heute weder in der Theorie noch in der Praxis. Sie erscheint jedoch nicht nur

---

[33] Hiermit beschäftigt sich hauptsächlich die Bundestags-Enquete-Kommission "Schutz des Menschen und der Umwelt"; vgl. hierzu: Zwischenbericht der Enquete-Kommission "Schutz des Menschen und der Umwelt - Bewertungskriterien und Perspektiven für umweltverträgliche Stoffkreisläufe in der Industriegesellschaft" des 12. Deutschen Bundestages: Verantwortung für die Zukunft - Wege zum nachhaltigen Umgang mit Stoff- und Materialströmen, Bonn 1993.

prinzipiell entwickelbar, sondern langfristig auch praktisch möglich und durchführbar. Zum derzeitigen Stand der Entsorgungslogistik und deren Probleme sowie Schritte zur Weiterentwicklung einzelner Teilsysteme und integrativer Lösungsansätze sei auf die hier zitierte Literatur verwiesen.[34]

Im Hinblick auf die grundlegende Bedeutung neuer Logistiksysteme zur Umsetzung der in Kap. 6.3 dargelegten Prinzipien der ökologischen Produktgestaltung sollen nur die derzeit diskutierten und teilweise in Erprobung befindlichen Lösungswege genannt werden:

1) Auf- und Ausbau einer eigenständigen privatwirtschaftlich operierenden Ressourcenbeschaffungs- und Verwertungsindustrie
2) Ressourcenbeschaffung, Rückholsystem und Wertstoffrückführung durch branchenorientierte Logistik- und Managementeinrichtungen
3) Ressourcenbeschaffung, Rücknahme, Verwendung und Verwertung der Produkte durch die Hersteller
4) Weiterentwicklung der kommunalen Entsorgungsunternehmen zu leistungsfähigen Verwendungs- und Verwertungsunternehmen.

Es können hier nicht die zahlreichen Probleme und komplexen Folgen für die verschiedenen hieraus resultierenden Logistiksysteme erörtert werden. Angesichts der vorrangigen Aufgabe, einerseits die Prinzipien der ökologischen Produktgestaltung bereits "ganz vorn" in der Produktlinie aufzunehmen, andererseits das Stoffflußmanagement soweit wie möglich nach Selbstorganisations- und Selbststeuerungsprinzipien aufzubauen, werden die zukunftsträchtigen Systemlösungen am ehesten den Logistik-Ansätzen zu 2) und 3) folgen müssen. Daß hierfür der Staat sowohl für ein optimales Ressourcenminimierungs- und Kreislaufmanagement als auch zur Förderung entsprechender Verhaltensmuster der beteiligten Wirtschaftssubjekte (einschließlich der Verbraucher) die geeigneten Rahmenbedingungen setzen muß, ergibt sich aus den vordergründigen und temporären Zielkonflikten zwischen gesamtwirtschaftlicher und einzelwirtschaftlicher Rationalität.

---

[34]   a) Rinschede, Alfons/Wehking, Karl-Heinz: Entsorgungslogistik I. Grundlagen, Stand und Technik, Berlin 1991.

b) Hirschberger, Doris/Reher, Isa: Entsorgungslogistik als unternehmensübergreifendes Konzept. In: RKW - Handbuch Logistik, Sonderdruck Berlin 1991, S. 2-34.

c) Pfohl, Hans-Christian/Stölzle, Wolfgang: Entsorgungslogistik. In: Steger, Ulrich (Hrsg.): Handbuch des Umweltmanagements, München 1992, S. 571-591.

d) Jansen, Rolf: Ganzheitliche Entsorgungslogistik, Düsseldorf 1992, S. 1-8.

12 Fazit

Nicht nur der Abfallnotstand, sondern vielmehr die Belastungsgrenzen von Natur und Sozialsystem verlangen ein neues zukunftsfähiges Leitkonzept für Produktion und Konsumtion. [55] Dieses läßt sich nur im Rahmen einer 'sustainable economy' realisieren, in der die Lebens- und Produktionswerterhaltung des Naturvermögens und eine gerechtere Verteilung der hieraus zu ziehenden Gewinne höchste Priorität haben. Da die bisherige Ressourcenverschwendung durch hohe Stoff- und Energieeinsätze und wachsende Mengen von nicht mehr verwertbaren Abfällen und Sonderabfällen die Belastbarkeitsgrenzen der natürlichen Ökosysteme teilweise schon überschritten haben, wird eine zukunftsfähige Industriewirtschaft nur dann überlebensfähig sein, wenn der Ressourceneinsatz minimiert und die Wertstofferhaltung optimiert werden. Eine zentrale Bedeutung in einer langfristig umwelt- und sozialverträglichen Wirtschaft kommt der ökologischen Produktgestaltung zu. Prinzipien und Konzepte zur ökologischen Produktgestaltung sind bereits vielfältig entwickelt und teilweise auch angewandt worden. Die zahlreichen praktischen Ergebnisse ökologischer Produktgestaltung sind im Hinblick auf Ressourceneinsparung, Kreislaufführung von Wertstoffen, Umweltentlastung, Wirtschaftlichkeit und Erzielung von Wettbewerbsvorteilen ermutigend. Immer mehr werden sich die Produktinnovationen auf den gesamten Lebenszyklus eines Produktes beziehen müssen. Ökobilanzen und Produktlinienanalysen entwickeln sich hierfür zu geeigneten methodischen Hilfsmitteln, um die komplexen Probleme zu erfassen und um hieraus praktische Entscheidungsgrundlagen für die Politik, die Unternehmen und die Verbraucher bzw. die Verbraucherverbände abzuleiten.

Ökologische Produktgestaltung wird dann ökonomisch, sozial und ökologisch besonders erfolgreich sein, wenn geeignete politische Rahmenbedingungen dafür sorgen, daß die Preise der Produkte auch ihre ökologischen und sozialen Kosten zum Ausdruck bringen. Ökologische Produktgestaltung muß als eine vorrangige gesellschafts- und wirtschaftspolitische Aufgabe begriffen werden und deshalb in ein umfassendes System des Stofffluß- und Energiemanagements eingebettet werden. Zu fordern ist hier insbesondere eine Elektronikschrott-Verordnung, die als Kernelement eine Rücknahmeverpflichtung der Unternehmen für elektronische Produkte vorsieht. Bereits die Debatte um die Einführung der geplanten Elektronikschrott-Verordnung hat gezeigt, wie wichtig diese ist, hat doch die Elektronikindustrie erst ab dem Moment begonnen recyclinggerechte Produkte zu entwickeln, als klar wurde, daß der Gesetzgeber die Verabschiedung einer Elektronikschrott-Verordnung plant.

Neben der Konstruktion umweltfreundlicherer Produkte ist auch eine Rückführung der Produkte in industrielle Stoff- und Nutzungskreisläufe erst noch zu realisieren. Hierzu bedarf es neuer Logistiksysteme, die Ressourcenminimierung,

Kreislaufführung der Materialströme und Nutzung regenerativer Energien als oberste Prinzipien für alle Bereiche des Produktzyklus anerkennen. Letztlich ist nämlich nicht die Möglichkeit eines Recyclings ausschlaggebend, sondern nur die tatsächliche Verwertung von Produkten und Produktteilen.

13 Anhang

13.1 Elektronikschrott-Verordnung

Verordnung über die Vermeidung, Verringerung und Verwertung von Abfällen gebrauchter elektrischer und elektronischer Geräte (Elektronikschrott-Verordnung, Entwurf vom 15.10.1992)

Abschnitt I: Abfallwirtschaftliche Ziele, Anwendungsbereich und Begriffsbestimmungen

§ 1 Abfallwirtschaftliche Ziele

Abfälle aus gebrauchten elektrischen und elektronischen Geräten oder Geräteteilen sollen dadurch vermindert werden, daß

1. elektrische oder elektronische Geräte oder Geräteteile aus umweltverträglichen und verwertbaren Materialien hergestellt werden,
2. elektrische oder elektronische Geräte oder Geräteteile so hergestellt werden, daß sie leicht repariert und zerlegt werden können,
3. für die Erfassung gebrauchter elektrischer oder elektronischer Geräte oder Geräteteile Sammelsysteme eingerichtet werden, die für den Endverbraucher leicht erreichbar sind und eine hohe Rücklaufquote gewährleisten,
4. zurückgenommene gebrauchte elektrische oder elektronische Geräte oder Geräteteile einer erneuten Verwendung oder einer Verwertung zugeführt werden,
5. zurückgenommene gebrauchte elektrische oder elektronische Geräte oder Geräteteile der sonstigen sachgemäßen Abfallentsorgung zugeführt werden.

§ 2 Anwendungsbereich

(1) Den Vorschriften dieser Verordnung unterliegt, wer gewerbsmäßig oder im Rahmen wirtschaftlicher Unternehmen oder öffentlicher Einrichtungen im Geltungsbereich des Abfallgesetzes

    1. elektrische oder elektronische Geräte (§ 3 Abs. 1) oder Geräteteile (§ 3 Abs. 2) herstellt oder mit seinem Markenzeichen versieht (Hersteller),

    2. elektrische oder elektronische Geräte oder Geräteteile, gleichgültig auf welcher Handelsstufe, auch als Importeur, in Verkehr bringt (Vertreiber).

(2) Vertreiber im Sinne dieser Verordnung ist auch der Versandhandel und ein Vertreiber, der elektrische oder elektronische Geräte oder Geräteteile nur zeitweise in seinem Sortiment oder im Nebengeschäft führt.

(3) Soweit der Hersteller seinen Sitz außerhalb des Geltungsbereichs des Abfallgesetzes hat, tritt derjenige Vertreiber in die Verpflichtung des Herstellers ein, der die elektrischen oder elektronischen Geräte oder Geräteteile im Geltungsbereich des Abfallgesetzes in Verkehr bringt.

§ 3 Begriffsbestimmungen

(1) Elektrische oder elektronische Geräte im Sinne dieser Verordnung sind elektrische oder elektronische Bauteile enthaltende

1. Geräte der individuellen Büro-, Informations- und Kommunikationstechnik wie Arbeitsplatzcomputer, Arbeitsplatzdrucker, Arbeitsplatzkopiergeräte, Telefaxgeräte, Telefongeräte
2. Fernsehgeräte mit einer Bildschirmdiagonale von mehr als 30 cm
3. Hausgeräte wie Kälte- und Klimageräte, Herde, Geschirrspüler, Waschmaschinen, Wäschetrockner,
4. Entladungslampen,
5. Geräte der Unterhaltungselektronik, wie Fernseher mit einer Bildschirmdiagonalen von weniger als 30 cm, Radiogeräte, Tuner, Verstärker, Plattenspieler, CD-Player, Lautsprecher, auch als Gerätekombination, Geräte der Bild- und Tonaufzeichnung und -wiedergabe,
6. Haushaltsgeräte wie Kaffeemaschinen, Schneid- und Rührgeräte, Mikrowellen, Staubsauger, Elektrowerkzeuge, Elektrorasierer,
7. Kleingeräte der Büro-, Informations- und Kommunikationstechnik wie Tisch- und Taschenrechner,
8. Uhren,
9. Geräte der Labor- und Medizintechnik im gewerblichen oder industriellen Bereich sowie in öffentlichen Einrichtungen,
10. Geräte für den Geldverkehr im gewerblichen oder industriellen Bereich sowie in öffentlichen Einrichtungen,
11. Geräte der Meß-, Steuerungs- und Regelungstechnik im gewerblichen oder industriellen Bereich sowie in öffentlichen Einrichtungen,
12. Geräte der Bild- und Tonaufzeichnung und Wiedergabe im gewerblichen oder industriellen Bereich sowie in öffentlichen Einrichtungen,
13. Großgeräte der Büro-, Informations- und Kommunikationstechnik wie Vermittlungseinrichtungen, Geräte der Datenverarbeitung im gewerblichen oder industriellen Bereich sowie in öffentlichen Einrichtungen,
14. Hausgeräte wie Kälte- und Klimageräte, Herde, Geschirrspüler, Waschmaschinen, Wäschetrockner im gewerblichen oder industriellen Bereich sowie in öffentlichen Einrichtungen.

(2) Geräteteile im Sinne dieser Verordnung sind Baugruppen, wie Gehäuse, Bildschirme, Tastaturen, Elektromotoren oder Platinen, auch dann, wenn sie keine elektrischen oder elektronischen Bauteile enthalten, aber im funktionalen Zusammenhang mit einem Gerät nach Absatz 1 stehen.

(3) Bauteile von Geräten im Sinne dieser Verordnung sind einzelne Bauelemente wie Kondensatoren, Gleichrichter, Transistoren oder Röhren.

(4) Endverbraucher im Sinne dieser Verordnung ist derjenige, der die Geräte oder Geräteteile in der an ihn gelieferten Form nicht mehr weiter verarbeitet und bestimmungsgemäß nutzt.

Abschnitt II: Rücknahme und Verwertungspflichten

§ 4 Rücknahmepflichten des Vertreibers

(1) Der Vertreiber ist verpflichtet, gebrauchte elektrische oder elektronische Geräte oder Geräteteile vom Endverbraucher kostenlos zurückzunehmen.

(2) Der Vertreiber kann vom Endverbraucher ein Entgelt für die Rücknahme elektrischer oder elektronischer Geräte verlangen, die
1. vor Inkrafttreten dieser Verordnung in Verkehr gebracht wurden oder
2. nach Inkrafttreten dieser Verordnung vom Endverbraucher in den Geltungsbereich des Abfallgesetzes verbracht wurden oder dem Endverbraucher von einem Vertreiber mit Geschäftssitz außerhalb des Geltungsbereichs des Abfallgesetzes geliefert wurden.

Das Entgelt für die Rücknahme elektrischer oder elektronischer Geräte darf die nach Marktlage üblicherweise für die Erfassung, Verwertung und Entsorgung des jeweiligen Gerätes entstehenden Kosten nicht übersteigen.

(3) Der Vertreiber kann seine Verpflichtung nach Absatz 1 auf Geräte oder Geräteteile eines bestimmten Markenzeichens beschränken, die er in seinem Sortiment führt oder geführt hat.

(4) Die Rücknahmepflicht nach Absatz 1 bis 3 beschränkt sich auf die Anzahl der Geräte, die der Endverbraucher üblicherweise im Falle der Neubeschaffung oder bei der Auflösung eines Haushaltes aussondern und die gleiche oder ähnliche Grundfunktion haben, wie die Geräte welche der Vertreiber in Verkehr bringt oder in Verkehr gebracht hat (Geräte gleicher Art).

(5) Vertreiber mit einer Betriebsfläche von weniger als 100m^2 können die Annahme gebrauchter Geräte in der Verkaufsstelle auf die Zahl der vom Endverbraucher jeweils gekauften neuen Geräte oder Geräteteile beschränken; dies gilt nicht für Geräte oder Geräteteile, die ein Vertreiber in seiner Verkaufsstelle verkauft hat oder die bei Filialgeschäften in einer Filiale der jeweiligen Filialkette gekauft wurden.

(6) Für die in § 3 Nr. 5 bis 8 genannten elektrischen und elektronischen Geräte gelten die Rücknahmeverpflichtungen nach Absatz 1 bis 3 erst ab 1. Januar 1995.

(7) Die Absätze 1 bis 6 gelten entsprechend für die Vertreiber der übrigen Handelsstufen.

§ 5 Rücknahmepflicht des Herstellers

(1) Der Hersteller ist verpflichtet, vom Vertreiber zurückgenommene gebrauchte elektrische oder elektronische Geräte oder Geräteteile kostenlos zurückzunehmen.

(2) Der Hersteller kann vom Vertreiber ein Entgelt für die Rücknahme gebrauchter elektrischer oder elektronischer Geräte oder Geräteteile verlangen, die

    1. vor Inkrafttreten dieser Verordnung in Verkehr gebracht wurden oder

    2. nach Inkrafttreten dieser Verordnung vom Endverbraucher in den Geltungsbereich des Abfallgesetzes verbracht wurden oder dem Endverbraucher von einem Vertreiber mit Geschäftssitz außerhalb des Geltungsbereich des Abfallgesetzes geliefert wurde.

Das Entgelt für die Rücknahme gebrauchter elektrischer oder elektronischer Geräte oder Geräteteile darf die nach Marktlage üblicherweise für die Erfassung, Verwertung und Entsorgung des jeweiligen Gerätes nicht übersteigen.

(3) Der Hersteller kann seine Verpflichtung nach Absatz 1 auf gebrauchte elektrische oder elektronische Geräte oder Geräteteile eines bestimmten Markenzeichens beschränken, die er herstellt oder hergestellt hat.

(4) Die Rücknahmepflicht nach Absatz 1 oder 2 beschränkt sich auf Geräte oder Geräteteile, welche die gleiche oder ähnliche Grundfunktion haben wie Geräte oder Geräteteile, welche der Hersteller in Verkehr gebracht hat (Geräte gleicher Art).

(5) Für die in § 3 Nr. 5 bis 8 genannten elektrischen oder elektronischen Geräte gelten die Rücknahmepflichten nach Absatz 1 bis 3 erst ab 1. Januar 1995.

§ 6 Ort der Rücknahme

Erfolgt die Rücknahme nach § 4 im Zusammenhang mit einem Neukauf, ist der Ort der Rücknahme der Ort der Übergabe des Neugerätes; § 8 bleibt unberührt. Erfolgt die Rücknahme nach § 4 nicht im Zusammenhang mit einem Neukauf, ist der Ort der Rücknahme jede Verkaufsstelle des nach § 4 zur Rücknahme verpflichteten Vertreibers. Erfolgt die Rücknahme nach § 5, ist der Ort der Rücknahme der Ort, an dem der Hersteller die Neugeräte dem Vertreiber übergibt.

§ 7 Verwertungspflichten

Hersteller und Vertreiber sind verpflichtet, die nach §§ 4, 5 oder 8 zurückgenommenen gebrauchte elektrischen oder elektronischen Geräte oder Geräteteile
zurückzunehmen und einer Verwertung zuzuführen.

§ 8 Ausnahmen

(1) Die Verpflichtungen nach §§ 4 bis 6 entfallen für solche Hersteller und Vertreiber, die selbst ein System betreiben oder sich an einem System beteiligen,
das regelmäßig eine Rücknahme gebrauchter elektrischer oder elektronischer
Geräte oder Geräteteile beim Endverbraucher gewährleistet und/oder
Annahmestellen in der Nähe der Verkaufsstellen betreibt. Die Einrichtung
eines solchen Systems hat der Betreiber den entsorgungspflichtigen Körperschaften gemäß § 1 Abs. 3 Nr. 7 Abfallgesetz nachzuweisen. Das System muß
kartellrechtlich zugelassen sein.

(2) Für die in §3 Nr. 9 bis 13 genannten elektrischen oder elektronischen Geräte
unterliegen Art und Ort der Rücknahme der freien Vertragsgestaltung. Soweit
Hersteller oder Vertreiber für die Rücknahme ein Entgelt verlangen, darf
dieses die nach Marktlage üblicherweise für die Erfassung, Verwertung und
Entsorgung des jeweiligen Gerätes entstehenden Kosten nicht übersteigen.

§ 9 Entsorgung nicht verwertbarer Geräte oder Geräteteile

Solange noch elektrische oder elektronische Geräte oder Geräteteile zu entsorgen
sind, deren Verwertung nicht oder nur teilweise möglich ist, sind die nicht
verwertbaren Teile gemäß §§ 4 und 5 zur Rücknahme Verpflichteten der Abfallentsorgung zuzuführen. Wer elektrische oder elektronische Geräte oder Geräteteile verwertet oder entsorgt, hat der zuständigen Behörde einmal jährlich eine
Erklärung über den Verbleib und die Behandlung der verwerteten oder als Abfall
entsorgten Geräte oder Geräteteile nach dem im Anhang enthaltenen Muster
abzugeben.

§ 10 Beauftragung Dritter

Hersteller und Vertreiber können sich zur Erfüllung der in dieser Verordnung
bestimmten Pflichten Dritter bedienen. Bei der Beauftragung Dritter mit der
Verwertung oder Entsorgung gebrauchter elektrischer oder elektronischer Geräte
oder Geräteteile hat der Beauftragende durch ein Gutachten eines anerkannten
Sachverständigen zu belegen, daß der Verwerter- oder Entsorgungsbetrieb die
Anforderungen des Abfallgesetzes und dieser Rechtsordnung erfüllt, es sei denn,
ein entsprechendes Gutachten liegt bereits vor.

Abschnitt III: Ordnungswidrigkeiten, Inkrafttreten

§ 11 Ordnungswidrigkeiten (ist noch anzupassen)

§ 12 Inkrafttreten

Diese Verordnung tritt am 1. Januar 1994 in Kraft.

13.2 Kreislaufwirtschaftsgesetz

Der Bundestag hat mit Zustimmung des Bundesrates das folgende Gesetz beschlossen:

Artikel 1

Gesetz zur Förderung der Kreislaufwirtschaft und Sicherung der umweltverträglichen Beseitigung von Abfällen
(Kreislaufwirtschafts- und Abfallgesetz - KrW/AbfG)

Erster Teil. Allgemeine Vorschriften

§ 1 Zweck des Gesetzes

Zweck des Gesetzes ist die Förderung der Kreislaufwirtschaft zur Schonung der natürlichen Ressourcen und die Sicherung umweltverträglicher Beseitigung von Abfällen.

§ 2 Geltungsbereich

(1) Die Vorschriften dieses Gesetzes gelten für

1. die Vermeidung
2. die Verwertung und
3. die Beseitigung von Abfällen.

(2) Die Vorschriften dieses Gesetze gelten nicht für

1. die nach dem Tierkörperbeseitigungsgesetz, nach dem Fleischhygiene- und dem Geflügelfleischhygienegesetz, nach dem Lebensmittel- und Bedarfsgegenständegesetz, nach dem Milch- und Margarinegesetz, nach dem Tierseuchengesetz, nach dem Pflanzenschutzgesetz und nach den aufgrund dieser Gesetze erlassenen Rechtsverordnungen zu beseitigenden Stoffe,

2. Kernbrennstoffe und sonstige radioaktive Stoffe im Sinne des Atomgesetzes,

3. Stoffe, deren Beseitigung in einer aufgrund des Strahlenschutzvorsorgegesetzes erlassenen Rechtsverordnung geregelt ist,

4. Abfälle, die beim Aufsuchen, Gewinnen, Aufbereiten und Weiterverarbeiten von Bodenschätzen in den der Bergaufsicht unterstehenden Betrieben anfallen, ausgenommen Abfälle, die nicht unmittelbar und nicht üblicherweise nur bei den im 1. Halbsatz genannten Tätigkeiten anfallen.

5. nicht in Behälter gefaßte gasförmige Stoffe,

6. Stoffe, sobald diese in Gewässer oder Abwasseranlagen eingeleitet oder eingebracht werden,

7. das Aufsuchen, Bergen, Befördern, Lagern, Behandeln und Vernichten von Kampfmitteln.

§ 3 Begriffsbestimmungen

(1) Abfälle im Sinne dieses Gesetzes sind alle beweglichen Sachen, die unter die in Anhang I aufgeführten Gruppen fallen und deren sich ihr Besitzer entledigt, entledigen will oder entledigen muß. Abfälle zur Verwertung sind Abfälle, die verwertet werden; Abfälle, die nicht verwertet werden, sind Abfälle zur Beseitigung.

(2) Die Entledigung im Sinne des Absatzes 1 liegt vor, wenn der Besitzer bewegliche Sachen einer Verwertung im Sinne des Anhangs II B oder einer Beseitigung im Sinne des Anhangs II A zuführt oder die tatsächliche Sachherrschaft über sie unter Wegfall jeder weiteren Zweckbestimmung aufgibt.

(3) Der Wille zur Entledigung im Sinne des Absatzes 1 ist hinsichtlich solcher beweglicher Sachen anzunehmen.

1. die bei der Energieumwandlung, Herstellung, Behandlung oder Nutzung von Stoffen oder Erzeugnissen oder bei Dienstleistungen anfallen, ohne daß der Zweck der jeweiligen Handlung hierauf gerichtet ist, oder

2. deren ursprüngliche Zweckbestimmung entfällt oder aufgegeben wird, ohne daß ein neuer Verwendungszweck unmittelbar an deren Stelle tritt.

Für die Beurteilung der Zweckbestimmung ist die Auffassung des Erzeugers oder Besitzers unter Berücksichtigung der Verkehrsanschauung zugrunde zu legen.

(4) Der Besitzer muß sich beweglicher Sachen im Sinne des Absatzes 1 entledigen, wenn diese entsprechend ihrer ursprünglichen Zweckbestimmung nicht mehr verwendet werden, aufgrund ihres konkreten Zustandes geeignet sind, gegenwärtig oder künftig das Wohl der Allgemeinheit, insbesondere die Umwelt zu gefährden und deren Gefährdungspotential nur durch eine ordnungsgemäße und schadlose Verwertung oder gemeinwohlverträgliche Beseitigung nach den Vorschriften dieses Gesetzes und der auf Grund dieses Gesetzes erlassenen Rechtsverordnungen ausgeschlossen werden kann.

(5) Erzeuger von Abfällen im Sinne dieses Gesetzes ist jede natürliche oder juristische Person, durch deren Tätigkeit Abfälle angefallen sind, oder jede Person, die Vorbehandlungen, Mischungen oder sonstige Behandlungen vorgenommen hat, die eine Veränderung der Natur oder der Zusammensetzung dieser Abfälle bewirken.

(6) Besitzer von Abfällen im Sinne dieses Gesetzes ist jede natürliche oder juristische Person, die die tatsächliche Sachherrschaft über Abfälle hat.

(7) Abfallentsorgung umfaßt die Verwertung und Beseitigung von Abfällen.

(8) Besonders überwachungsbedürftig sind die Abfälle, die durch eine Rechtsverordnung nach § 41 Abs. 1 oder § 41 Abs. 3 Nr. 1 bestimmt worden sind. Überwachungsbedürftig sind alle übrigen Abfälle, wenn sie beseitigt werden sollen, sowie die verwertbaren Abfälle, die durch eine Rechtsverordnung nach § 41 Abs. 3 Nr. 2 bestimmt sind.

Zweiter Teil
Grundsätze und Pflichten der Erzeuger und Besitzer von Abfällen sowie der Entsorgungsträger

§ 4 Grundsätze der Kreislaufwirtschaft

(1) Abfälle sind

1. In erster Linie zu vermeiden, insbesondere durch die Verminderung ihrer Menge und Schädlichkeit.
2. In zweiter Linie
   a) stofflich zu verwerten oder
   b) zur Gewinnung von Energie zu nutzen (energetische Verwertung).

(2) Maßnahmen zur Vermeidung von Abfällen sind insbesondere die anlageninterne Kreislaufführung von Stoffen, die abfallarme Produktgestaltung sowie ein auf den Erwerb abfall- und schadstoffarmer Produkte gerichtetes Konsumverhalten.

(3) Die stoffliche Verwertung beinhaltet die Substitution von Rohstoffen durch das Gewinnen von Stoffen aus Abfällen (sekundäre Rohstoffe) oder die Nutzung der stofflichen Eigenschaften der Abfälle für den ursprünglichen Zweck oder für andere Zwecke mit Ausnahme der unmittelbaren Energierückgewinnung. Eine stoffliche Verwertung liegt vor, wenn nach einer wirtschaftlichen Betrachtungsweise, unter Berücksichtigung der im einzelnen Abfall bestehenden Verunreinigungen, der Hauptzweck der Maßnahme in der Nutzung des Abfalls und nicht in der Beseitigung des Schadstoffpotentials liegt.

(4) Die energetische Verwertung beinhaltet den Einsatz von Abfällen als Ersatzbrennstoff; vom Vorrang der energetischen Verwerfung unberührt bleibt die thermische Behandlung von Abfällen zur Beseitigung, insbesondere von Hausmüll. Für die Abgrenzung ist auf den Hauptzweck der Maßnahme abzustellen. Ausgehend vom einzelnen Abfall, ohne Vermischung mit anderen Stoffen, bestimmten Art und Ausmaß seiner Verunreinigung sowie die durch seine Behandlung anfallenden weiteren Abfälle und entstehenden Emissionen, ob der Hauptzweck auf die Verwertung oder die Behandlung gerichtet ist.

(5) Die Kreislaufwirtschaft umfaßt auch das Bereitstellen, Überlassen, Sammeln, Einsammeln durch Hol- und Bringsysteme, Befördern, Lagern und Behandeln von Abfällen zur Verwertung.

§ 5 Grundpflichten der Kreislaufwirtschaft

(1) Die Pflichten zur Abfallvermeidung richten sich nach § 9 sowie den auf Grund der §§ 23 und 24 erlassenen Rechtsverordnungen.

(2) Die Erzeuger oder Besitzer von Abfällen sind verpflichtet, diese nach Maßgabe von § 6 zu verwerten. Soweit sich aus diesem Gesetz nichts anderes ergibt, hat die Verwertung von Abfällen Vorrang vor deren Beseitigung. Eine der Art und Beschaffenheit des Abfalls entsprechende hochwertige Verwertung ist anzustreben, soweit dies zur Erfüllung der Anforderungen nach den §§ 4 und 5 erforderlich ist, sind Abfälle zur Verwertung getrennt zu halten und zu behandeln.

(3) Die Verwertung von Abfällen, insbesondere durch ihre Einbindung in Erzeugnisse, hat ordnungsgemäß und schadlos zu erfolgen. Die Verwertung erfolgt ordnungsgemäß, wenn sie im Einklang mit den Vorschriften dieses Gesetzes und anderen öffentlich-rechtlichen Vorschriften steht. Sie erfolgt schadlos, wenn nach der Beschaffenheit der Abfälle, dem Ausmaß der Verunreinigungen und der Art der Verwertung Beeinträchtigungen des Wohls der Allgemeinheit nicht zu erwarten sind, insbesondere keine Schadstoffanreicherungen im Wertstoffkreislauf erfolgt.

(4) Die Pflicht zur Verwertung von Abfällen ist einzuhalten, soweit dies technisch möglich und wirtschaftlich zumutbar ist, insbesondere für einen gewonnenen Stoff oder gewonnene Energie ein Markt vorhanden ist oder geschaffen werden kann. Die Verwertung von Abfällen ist auch dann technisch möglich, wenn hierzu eine Vorbehandlung erforderlich ist. Die wirtschaftliche Zumutbarkeit ist gegeben, wenn die mit der Verwertung verbundenen Kosten nicht außer Verhältnis zu den Kosten stehen, die für eine Abfallbeseitigung zu tragen wären.

(5) Der in Absatz 2 festgelegte Vorrang der Verwertung von Abfällen entfällt, wenn deren Beseitigung die umweltverträglichen Lösungen darstellt. Dabei sind insbesondere zu berücksichtigen:

1. die zu erwartenden Emissionen,
2. das Ziel der Schonung der natürlichen Ressourcen,
3. die einzusetzenden oder zu gewinnende Energie und
4. die Anreicherung von Schadstoffen in Erzeugnissen, Abfällen zur Verwertung oder daraus gewonnenen Erzeugnissen.

(6) Der Vorrang der Verwertung gilt nicht für Abfälle, die unmittelbar und üblicherweise durch Maßnahmen der Forschung und Entwicklung anfallen.

§ 6 Stoffliche und energetische Verwertung

(1) Abfälle können
   a) stofflich verwertet werden oder
   b) zur Gewinnung von Energie genutzt werden.

Vorrang hat die besser umweltverträgliche Verwertungsart. § 5 Abs. 4 gilt entsprechend.

Die Bundesregierung wird ermächtigt, nach Anhörung der beteiligten Kreise (§ 60) durch Rechtsverordnung mit Zustimmung des Bundesrates für bestimmte Abfallarten aufgrund der in § 5 Abs. 5 festgelegten Kriterien unter Berücksichtigung der in Absatz 2 genannten Anforderungen den Vorrang der stofflichen oder energetischen Verwertung zu bestimmen.

(2) Soweit der Vorrang einer Verwertungsart nicht in einer Rechtsverordnung nach Absatz 1 festgelegt ist, ist eine energetische Verwertung im Sinne des § 4 Abs. 4 nur zulässig, wenn

1. der Heizwert des einzelnen Abfalls ohne Vermischung mit anderen Stoffen, mindestens 11.00 kj/kg beträgt,
2. ein Feuerwirkungsgrad von mindestens 75 Prozent erzielt wird,
3. entstehende Wärme selbst genutzt oder an Dritte abgegeben wird und
4. die im Rahmen der Verwertung anfallenden weiteren Abfälle möglichst ohne weitere Behandlung abgelagert werden können.

Abfälle aus nachwachsenden Rohstoffen können energetisch verwertet werden, wenn die in Satz 1 Nr. 2 bis 4 genannten Voraussetzungen vorliegen.

§ 7 Anforderungen an die Kreislaufwirtschaft

(1) Die Bundesregierung wird ermächtigt, nach Anhörung der beteiligten Kreise (§ 60) durch Rechtsverordnung mit Zustimmung des Bundesrates, soweit es zur Erfüllung der Pflichten nach § 5, insbesondere zur Sicherung der schadlosen Verwertung erforderlich ist,

1. die Einbindung oder das Verbleiben von bestimmten Abfällen in Erzeugnissen nach Art, Beschaffenheit und Inhaltsstoffen zu beschränken
2. Anforderungen an die Getrennthaltung, Beförderung und Lagerung von Abfällen festzulegen,
3. Anforderungen an das Bereitstellen, Überlassen, Sammeln und Einsammeln von Abfällen durch Hol- und Bringsysteme festzulegen,
4. für bestimmte Abfälle, deren Verwertung aufgrund ihrer Art, Beschaffenheit oder Menge in besonderer Weise geeignet ist, Beeinträchtigungen des Wohl der Allgemeinheit, insbesondere der in § 10 Abs. 4 genannten Schutzgüter, herbeizuführen, nach Herkunftsbereich, Anfallstelle oder Ausgangsprodukt festzulegen,

a) daß diese nur in bestimmter Menge oder Beschaffenheit oder für bestimmte Zwecke in den Verkehr gebracht oder verwertet werden dürfen,
b) daß diese mit bestimmter Beschaffenheit nicht in den Verkehr gebracht werden dürfen,
5. Hinweispflichten des jeweiligen Besitzers von Abfällen bezüglich der aus diesen Rechtsverordnungen sich ergebenden Anforderungen festzulegen, die dieser bei der Abgabe an Dritte zu beachten hat,
6. Kennzeichnungspflichten für Abfälle festzulegen,

(2) Durch Rechtsverordnung nach Absatz 1 können stoffliche Anforderungen festgelegt werden, wenn Kraftwerksabfälle, REA-Gipse oder sonstige Abfälle in der Bergaufsicht unterstehenden Betrieben aus bergtechnischen, bergsicherheitlichen Gründen oder zur Wiedernutzbarmachung eingesetzt werden.

(3) Durch Rechtsverordnung nach Absatz 1 können Verfahren zur Überprüfung der dort festgelegten Anforderungen festgelegt werden, insbesondere
1. Die Entnahme von Proben, der Verbleib und die Aufbewahrung von Rückstellproben und die hierfür anzuwendenden Verfahren,
2. die zur Bestimmung von einzelnen Stoffen oder Stoffgruppen erforderlichen Analyseverfahren.

(4) Wegen der Anforderungen nach Satz 1 kann auf jedermann zugängliche Bekanntmachungen sachverständiger Stellen verwiesen werden, hierbei ist
1. in der Rechtsverordnung das Datum der Bekanntmachung anzugeben und die Bezugsquelle genau zu bezeichnen,
2. die Bekanntmachung bei dem Deutschen Patentamt archivmäßig gesichert niederzulegen und in der Rechtsverordnung daraufhinzuweisen.

§ 8 Anforderungen an die Kreislaufwirtschaft im Bereich der landwirtschaftlichen Düngung

(1) Das Bundesministerium für Umwelt, Naturschutz und Reaktorsicherheit wird ermächtigt, im Einvernehmen mit dem Bundesministerium für Ernährung, Landwirtschaft und Forsten und dem Bundesministerium für Gesundheit nach Anhörung der beteiligten Kreise (§ 60) durch Rechtsverordnung mit Zustimmung des Bundesrates für den Bereich der Landwirtschaft Anforderungen zur sicherung der ordnungsgemäßen und schadlosen Verwertung nach Maßgabe des Absatzes 2 festzulegen.

(2) Werden Abfälle zur Verwertung als Sekundärrohstoffdünger oder Wirtschaftsdünger im Sinne des § 1 des Düngemittelgesetzes auf landwirtschaftlich, forstwirtschaftlich oder gärtnerisch genutzte Böden aufgebracht, können in Rechtsverordnungen nach Abs. 1 für die Abgabe und die Aufbringung hinsichtlich der Schadstoffe insbesondere

1. Verbote oder Beschränkungen nach Maßgabe von Merkmalen wie Art und Beschaffenheit des Bodens, Aufbringungsort und -zeit und natürliche Standortverhältnisse sowie
2. Untersuchungen der Abfälle oder Wirtschaftsdünger oder des Bodens, Maßnahmen zur Vorbehandlung dieser Stoffe oder geeigneten anderen Maßnahmen

bestimmt werden. Dies gilt für Wirtschaftsdünger insoweit, als das Maß der guten fachlichen Praxis im Sinne des § 1 a des Düngemittelgesetzes überschritten wird.

(3) Die Landesregierungen können Rechtsverordnungen nach Absatz 2 erlassen, soweit das Bundesministerium für Umwelt, Naturschutz und Reaktorsicherheit von der Ermächtigung keinen Gebrauch macht: sie können die Ermächtigung durch Rechtsverordnungen ganz oder teilweise auf andere Behörden übertragen.

§ 9 Pflichten der Anlagenbetreiber

Die Pflichten der Betreiber von genehmigungsbedürftigen und nicht genehmigungsbedürftigen Anlagen nach dem Bundesimmissionsschutzgesetz, diese so zu errichten und zu betreiben, daß Abfälle vermieden, verwertet oder beseitigt werden, richten sich nach den Vorschriften des Bundesimmissionsschutzgesetzes. Stoffbezogene Anforderungen an die Art und Weise der Verwertung und Beseitigung von Abfällen nach diesem Gesetz bleiben unberührt. Stoffbezogene Anforderungen an die anlageninterne Verwertung sind durch Rechtsverordnung nach § 6 Abs. 1 und § 7 festzulegen.

§ 10 Grundsätze der gemeinwohlverträglichen Abfallbeseitigung

(1) Abfälle, die nicht verwertet werden, sind dauerhaft von der Kreislaufwirtschaft auszuschließen und zur Wahrung des Wohls der Allgemeinheit zu beseitigen.

(2) Die Abfallbeseitigung umfaßt das Bereitstellen, Überlassen, Einsammeln, die Beförderung, die Behandlung, die Lagerung und die Ablagerung von Abfällen zur Beseitigung. Durch die Behandlung von Abfällen sind deren Menge und Schädlichkeit zu vermindern. Bei der Behandlung und Ablagerung anfallende Energie oder Abfälle sind so weit wie möglich zu nutzen. Die Behandlung und Ablagerung ist auch dann als Abfällbeseitigung anzusehen, wenn dabei anfallende Energie oder Abfälle genutzt werden können und diese Nutzung nur untergeordneter Nebenzweck der Beseitigung ist.

(3) Abfälle sind im Inland zu beseitigen. Die Vorschriften der Verordnung (EWG) Nr. 259/93 des Rats vom 1. Februar 1993 zur Überwachung und Kontrolle der Verbringung von Abfällen in der, in die und aus der europäischen Gemeinschaft (ABl.EG Nr. L 30, S. 1) und des Ausführungsgesetzes zu dem Basler Übereinkommen vom 22. März 1989 über die Kontrolle der grenz-

überschreitenden Verbringung gefährlicher Abfälle und ihrer Entsorgung vom ...
(das Ausführungsgesetz zum Basler Übereinkommen befindet sich derzeit im
Gesetzgebungsverfahren) bleiben unberührt.

(4) Abfälle sind so zu beseitigen, daß das Wohl der Allgemeinheit nicht beeinträchtigt wird. Eine Beeinträchtigung liegt insbesondere vor, wenn

1. die Gesundheit der Menschen beeinträchtigt,
2. Tiere und Pflanzen gefährdet,
3. Gewässer und Boden schädlich beeinflußt,
4. schädliche Umwelteinwirkungen durch Luftverunreinigungen oder Lärm
   herbeigeführt,
5. die Belange der Raumordnung und der Landesplanung, des Naturschutzes
   und der Landschaftspflege sowie des Städtebaus nicht gewährt oder
6. sonst die öffentliche Sicherheit und Ordnung gefährdet oder gestört werden.

§ 11 Grundpflichten der Abfallbeseitigung

(1) Die Erzeuger oder Besitzer von Abfällen, die nicht verwertet werden, sind
verpflichtet, diese nach den Grundsätzen der gemeinwohlverträglichen Abfallbeseitigung gemäß § 10 zu beseitigen, soweit in den §§ 13 bis 18 nichts anderes
bestimmt ist.

(2) Soweit dies zur Erfüllung der Anforderungen nach § 10 erforderlich ist, sind
Abfälle zur Beseitigung getrennt zu halten und zu behandeln.

§ 12 Anforderungen an die Abfallbeseitigung

(1) Die Bundesregierung wird ermächtigt, nach Anhörung der beteiligten Kreise
(§ 60) durch Rechtsverordnung mit Zustimmung des Bundesrates, soweit es zur
Erfüllung der Pflichten nach § 11, entsprechend dem Stand der Technik Anforderungen an die Beseitigung von Abfällen nach Herkunftsbereich, Anfallstelle
sowie nach Art, Menge und Beschaffenheit festzulegen, insbesondere

1. Anforderungen an die Getrennthaltung und die Behandlung von Abfällen,
2. Anforderungen an das Bereitstellen, Überlassen, das Einsammeln, die Beförderung, Lagerung und die Ablagerung von Abfällen und
3. Verfahren zur Überprüfung der Anforderungen entsprechend § 7 Abs. 3.

(2) Die Bundesregierung erläßt nach Anhörung der beteiligten Kreise (§60) mit
Zustimmung des Bundesrates zur Durchführung dieses Gesetzes und der aufgrund dieses Gesetzes erlassenen Rechtsverordnungen des Bundes allgemeine
Verwaltungsvorschriften über Anforderungen an die umweltverträgliche Beseitigung von Abfällen nach dem Stand der Technik. Hierzu sind auch Verfahren
der Sammlung, Behandlung, Lagerung und Ablagerung festzulegen, die in der
Regel eine umweltverträgliche Abfallbeseitigung gewährleisten.

(3) Stand der Technik im Sinne dieses Gesetzes ist der Entwicklungsstand fort-
schrittlicher Verfahren, Einrichtungen oder Betriebsweisen, der die praktische
Eignung einer Maßnahme für eine umweltverträgliche Abfallbeseitigung
gesichert erscheinen läßt. Bei der Bestimmung des Standes der Technik sind
insbesondere vergleichbare Verfahren, Einrichtungen oder Betriebsweisen heran-
zuziehen, die mit Erfolg im Betrieb erprobt worden sind.

§ 13 Überlassungspflichten

(1) Abweichend von § 5 Abs. 2 und § 11 Abs. 1 sind Erzeuger oder Besitzer von
Abfällen aus privaten Haushalten verpflichtet, diese den nach Landesrecht zur
Entsorgung verpflichteten juristischen Personen (öffentlich-rechtliche Entsorgungsträger) zu überlassen, soweit sie zu einer Verwertung nicht in der Lage
sind oder diese nicht beabsichtigen. Satz 1 gilt auch für Erzeuger und Besitzer
von Abfällen zur Beseitigung aus anderen Herkunftsbereichen, soweit sie diese
nicht in eigenen Anlagen beseitigen oder überwiegende öffentliche Interessen
eine Überlassung erfordern.

(2) Die Überlassungspflicht gegenüber den öffentlich-rechtlichen Entsorgungsträgern besteht nicht, soweit Dritten oder privaten Entsorgungsträgern Pflichten
zur Verwertung und Beseitigung nach den §§ 16, 17 oder 18 übertragen worden
sind.

(3) Die Überlassungspflicht besteht nicht für Abfälle,

1. die einer Rücknahme- oder Rückgabepflicht aufgrund einer Rechtsverordnung
   nach § 24 unterliegen soweit nicht die öffentlich-rechtlichen Entsorgungsträger aufgrund einer Bestimmung nach § 24 Abs. 2 Nr. 4 an der Rücknahme
   mitwirken,
2. die durch gemeinnützige Sammlung einer ordnungsgemäßen und schadlosen
   Verwertung zugeführt werden,
3. die durch gewerbliche Sammlung einer ordnungsgemäßen und schadlosen
   Verwertung zugeführt werden, soweit dies den öffentlich-rechtlichen Entsorgungsträgern nachgewiesen wird und nicht überwiegende öffentliche
   Interessen entgegenstehen.

Die Nummern 2 und 3 gelten nicht für besondere überwachungsbedürftige Abfälle, Sonderregelungen der Überlassungspflicht durch Rechtsverordnungen nach
den §§ 7 und 24 bleiben unberührt.

(4) Die Länder können zur Sicherstellung der umweltverträglichen Beseitigung
Andienungs- und Überlassungspflichten für besonders überwachungsbedürftige
Abfälle zur Beseitigung bestimmen. Sie können zur Sicherstellung der umweltverträglichen Abfallentsorgung Andienungs- und Überlassungspflichten für
besonders überwachungsbedürftige Abfälle zur Verwertung bestimmen, soweit
eine ordnungsgemäße Verwertung nicht anderweitig gewährleistet werden kann.
Die in Satz 2 genannten Abfälle zur Verwertung werden von der Bundes-

regierung durch Rechtsverordnung mit Zustimmung des Bundesrates bestimmt. Andienungspflichten für besonders überwachungsbedürftige Abfälle zur Verwertung, die die Länder bis zum Inkrafttreten dieses Gesetzes bestimmt haben, bleiben unberührt. Soweit Dritten oder privaten Entsorgungsträgern Pflichten zur Entsorgung nach §§ 16, 17 oder 18 übertragen worden sind, unterliegen diese nicht der Andienungs- oder Überlassungspflicht.

§ 14 Duldungspflichten bei Grundstücken

(1) Die Eigentümer und Besitzer von Grundstücken, auf denen überlassungspflichtige Abfälle anfallen, sind verpflichtet, das Aufstellen zur Erfassung notwendiger Behältnisse sowie das Betreten des Grundstücks zum Zwecke des Einsammelns und zur Überwachung der Getrennthaltung und Verwertung von Abfällen zu dulden.

(2) Absatz 1 gilt entsprechend für Rücknahme- und Sammelsysteme, die zur Durchführung von Rücknahmepflichten aufgrund einer Rechtsverordnung nach § 24 erforderlich sind.

§ 15 Pflichten der öffentlich-rechtlichen Entsorgungsträger

(1) Die öffentlich-rechtlichen Entsorgungsträger haben die in ihrem Gebiet angefallenen und überlassenen Abfälle aus privaten Haushaltungen und Abfälle zur Beseitigung aus anderen Herkunftsbereichen nach Maßgabe der §§ 4 bis 7 zu verwerten oder nach Maßgabe der §§ 10 bis 12 zu beseitigen. Werden Abfälle aus den in § 5 Abs. 4 genannten Gründen zur Beseitigung überlassen, sind die öffentlich-rechtlichen Entsorgungsträger zur Verwertung verpflichtet, soweit bei ihnen diese Gründe nicht vorliegen.

(2) Die öffentlich-rechtlichen Entsorgungsträger sind von ihren Pflichten zur Entsorgung von Abfällen aus anderen Herkunftsbereichen als privaten Haushaltungen befreit, soweit Dritten oder privaten Entsorgungsträgern Pflichten zur Entsorgung nach den §§ 16, 17 oder 18 übertragen worden sind.

(3) Die öffentlich-rechtlichen Entsorgungsträger können mit Zustimmung der zuständigen Behörde Abfälle von der Entsorgung ausschließen, soweit diese der Rücknahmepflicht aufgrund einer nach § 24 erlassenen Rechtsverordnung unterliegen und entsprechende Rücknahmeeinrichtungen tatsächlich zur Verfügung stehen. Satz 1 gilt auch für Abfälle zur Beseitigung aus anderen Herkunftsbereichen als privaten Haushaltungen, soweit diese nach Art, Menge oder Beschaffenheit nicht mit den in Haushaltungen anfallenden Abfällen beseitigt werden können oder die Sicherheit der umweltverträglichen Beseitigung im Einklang mit den Abfallwirtschaftsplänen der Länder durch einen anderen Entsorgungsträger oder Dritten gewährleistet ist. Die öffentlich-rechtlichen Entsorgungsträger können den Ausschluß von der Entsorgung nach Satz 1 und 2 mit

Zustimmung der zuständigen Behörde widerrufen, soweit die dort genannten Voraussetzungen für einen Ausschluß nicht mehr vorliegen.

(4) Die Pflichten nach Absatz 1 gelten auch für Kraftfahrzeuge oder Anhänger ohne gültige amtliche Kennzeichen, wenn diese auf öffentlichen Flächen oder außerhalb im Zusammenhang bebauter Ortsteile abgestellt sind, keine Anhaltspunkte für deren Entwendung oder bestimmungsgemäße Nutzung bestehen und sie nicht innerhalb eines Monats nach einer am Fahrzeug angebrachten, deutlich sichtbaren Aufforderung entfernt worden sind.

§ 16 Beauftragung Dritter

(1) Die zur Verwertung und Beseitigung Verpflichteten können Dritte mit der Erfüllung ihrer Pflichten beauftragen, ihre Verantwortlichkeit für die Erfüllung der Pflichten bleibt hiervon unberührt. Die beauftragten Dritten müssen über die erforderliche Zuverlässigkeit verfügen.

(2) Die zuständige Behörde kann auf Antrag mit Zustimmung der Entsorgungsträger im Sinne der §§ 15, 17 und 18 deren Pflichten auf einen Dritten ganz oder teilweise übertragen, wenn,

1. der Dritte sach- und fachkundig und zuverlässig ist,
2. die Erfüllung der übertragenen Pflichten sichergestellt ist und
3. keine überwiegenden öffentlichen Interessen entgegenstehen.

Die Pflichtenübertragung der privaten Entsorgungsträger auf Dritte bedarf der Zustimmung der öffentlich-rechtlichen Entsorgungsträger im Sinne des § 15.

(3) Zur Darlegung der Voraussetzung nach Absatz 2 hat der Dritte insbesondere ein Abfallwirtschaftskonzept vorzulegen.

Das Abfallwirtschaftskonzept hat zu enthalten

1. Angaben über Art, Menge und Verbleib der zu verwertenden oder zu beseitigenden Abfälle,
2. Darstellung der getroffenen und geplanten Maßnahmen zur Verwertung oder zur Beseitigung der Abfälle,
3. Darlegung der vorgesehenen Entsorgungswege für die nächsten fünf Jahre einschließlich der Angaben zur notwendigen Standort- und Anlagenplanung sowie ihrer zeitlichen Abfolge,
4. gesonderte Darstellung der unter Nr. 1 genannten Abfälle bei der Verwertung oder Beseitigung außerhalb der Bundesrepublik Deutschland.

Bei der Erstellung des Abfallwirtschaftskonzeptes sind die Vorgaben der Abfallwirtschaftsplanung nach § 29 zu berücksichtigen. Das Abfallwirtschaftskonzept ist entsprechend § 19 Abs. 3 zu erstellen und fortzuschreiben. Nach Ablauf eines Jahres nach der Übertragung der Pflichten ist darüber hinaus entsprechend § 20 Abs. 1 eine Abfallbilanz zu erstellen und vorzulegen.

(4) Die Übertragung ist zu befristen. Sie kann mit Nebenbestimmungen versehen werden, insbesondere unter Bedingungen erteilt und mit Auflagen oder dem Vorbehalt eines Widerrufs verbunden werden.

§ 17 Wahrnehmung von Aufgaben durch Verbände

(1) Die Erzeuger und Besitzer von Abfällen aus gewerblichen sowie sonstigen wirtschaftlichen Unternehmen oder öffentlichen Einrichtungen können Verbände bilden, die von den Erzeugern oder Besitzern von Abfällen mit der Erfüllung ihrer Verwertungs- und Beseitigungspflichten beauftragt werden können. § 16 Abs. 1 Satz 2 und 3 gilt entsprechend.

(2) Die öffentlich-rechtlichen Entsorgungsträger und die Selbstverwaltungs-körperschaften der Wirtschaft können auf die Bildung der Verbände hinwirken und sich an ihnen beteiligen.

(3) Die zuständige Behörde kann mit Zustimmung der öffentlich-rechtlichen Entsorgungsträger im Sinne des § 15 den Verbänden auf deren Antrag die Erzeuger- und Besitzerpflichten ganz oder teilweise übertragen, wenn

1. auf andere Weise der Verbandszweck nicht erfüllt werden kann,
2. die Erfüllung der übertragenen Pflichten sichergestellt ist, insbesondere die Sicherheit der Abfallbeseitigung für den übertragenen Aufgabenbereich im Einklang mit den Abfallwirtschaftsplänen der Länder (§ 29) gewährleistet ist und
3. keine überwiegenden öffentlichen Interessen entgegenstehen.

§ 16 Abs. 3 und 4 gilt entsprechend.

(4) Die zuständige Behörde kann den Verband im Rahmen des übertragenen Aufgabenbereichs und Verbandszwecks in einem ausgewiesenen Gebiet zur Beseitigung aller Abfälle, insbesondere von Abfällen zur Beseitigung weiterer Erzeuger und Besitzer verpflichten, soweit

1. dies zur Wahrung der Belange des Wohles der Allgemeinheit geboten ist und
2. die Erzeuger und Besitzer ihre Pflichten nicht selbst wahrnehmen.

(5) Die Verbände können Gebühren erheben. Die Gebührensatzung bedarf der Genehmigung der zuständigen Behörde.

(6) Für die übertragenen Verwertungs- und Beseitigungspflichten gilt § 15 Abs. 1 und 3 entsprechend. Soweit es zur Erfüllung der übertragenen Pflichten erforderlich ist, bestehen die Überlassungs- und Duldungspflichten gegenüber den Verbänden; § 13 Abs. 1 und 3 und § 14 gelten entsprechend. Zur Erfüllung der übertragenen Pflichten können die Verbände von den Erzeugern und Besitzern verlangen, die Abfälle getrennt zu halten und zu bestimmten Sammelstellen oder Behandlungsanlagen zu bringen. Die Befugnis des Erzeugers und Besitzers, die Abfälle selbst zu entsorgen, bleibt unberührt.

§ 18 Wahrnehmung von Aufgaben durch Selbstverwaltungskörperschaften der Wirtschaft

(1) Die Industrie- und Handelskammern, Handwerkskammern und Landwirtschaftskammern (Selbstverwaltungskörperschaften der Wirtschaft) können Einrichtungen bilden, die von den Erzeugern und Besitzern von Abfällen mit der Erfüllung ihrer Verwertungs- und Beseitigungspflichten beauftragt werden können. § 16 Abs. 11 Satz 2 und 3 gilt entsprechend.

(2) Auf Antrag der Selbstverwaltungskörperschaften der Wirtschaft kann die zuständige Behörde den Einrichtungen in einem ausgewiesenen Gebiet die Pflichten der Erzeuger und Besitzer übertragen.

§ 17 Abs. 3 bis 6 gilt entsprechend.

§ 19 Abfallwirtschaftskonzepte

(1) Erzeuger, bei denen jährlich mehr als insgesamt 2.000 kg besonders überwachungsbedürftige Abfälle oder jährlich mehr als 2.000 Tonnen überwachungsbedürftige Abfälle je Abfallschlüssel anfallen, haben ein Abfallwirtschaftskonzept über die Vermeidung, Verwertung und Beseitigung der anfallenden Abfälle zu erstellen,. Das Abfallwirtschaftskonzept dient als internes Planungsinstrument und ist auf Verlangen der zuständigen Behörden zur Auswertung für die Abfallwirtschaftsplanung vorzulegen.

Das Abfallwirtschaftskonzept hat zu enthalten:

1. Angaben über Art und Menge und Verbleib der besonderen überwachungsbedürftigen Abfälle, überwachungsbedürftigen Abfälle zur Verwertung sowie der Abfälle zur Beseitigung.
2. Darstellung der getroffenen und geplanten Maßnahmen zur Vermeidung, zur Verwertung und zur Beseitigung von Abfällen.
3. Begründung der Notwendigkeit der Abfallbeseitigung, insbesondere Angaben zur mangelnden Verwertbarkeit aus den in § 5 Abs. 4 genannten Gründen.
4. Darlegung der vorgesehenen Entsorgungswege für die nächsten fünf Jahre; bei Eigenentsorgern, Angaben zur notwendigen Standort- und Anlagenplanung sowie ihrer zeitlichen Abfolge.
5. Gesonderte Darstellung des Verbleibs der unter Nr. 1 genannten Abfälle bei der Verwertung oder Beseitigung außerhalb der Bundesrepublik Deutschland.

(2) Bei Erstellung des Abfallwirtschaftskonzeptes sind die Vorgaben der Abfallwirtschaftsplanung nach § 29 zu berücksichtigen.

(3) Das Abfallwirtschaftskonzept ist erstmalig bis zum 31. Dezember 1999 für die nächsten fünf Jahre zu erstellen und alle fünf Jahre fortzuschreiben, soweit die Länder bis zum Inkrafttreten dieses Gesetzes nichts anderes bestimmt haben. Die zuständige Behörde kann die Vorlage zu einem früheren Zeitpunkt verlangen.

(4) Die Bundesregierung bestimmt nach Anhörung der beteiligten Kreise (§60) durch Rechtsverordnung mit Zustimmung des Bundesrates

1. nähere Anforderungen an Form und Inhalt der nach Absatz 1 vorzulegenden Unterlagen,
2. Ausnahmen für bestimmte Abfallarten von den in den Absätzen 1 bis 3 genannten Pflichten
3. einzelne nicht überwachungsbedürftige Abfälle zur Verwertung, welche in das Abfallwirtschaftskonzept einzubeziehen sind.

(5) Die öffentlich-rechtlichen Entsorgungsträger im Sinne des § 15 haben Abfallwirtschaftskonzepte über die Verwertung und die Beseitigung der in ihrem Gebiet anfallenden und ihnen überlassenen Abfälle zu erstellen. Die Anforderungen an die Abfallwirtschaftskonzepte regeln die Länder.

§ 20 Abfallbilanzen

(1) Verpflichtete im Sinne des § 19 Abs. 1 haben jährlich, erstmalig zum 1. April 1998, jeweils für das vorhergehende Jahr eine Bilanz über Art, Menge und Verbleib der verwerteten oder beseitigten besonders überwachungsbedürftigen und überwachungsbedürftigen Abfälle (Abfallbilanz) zu erstellen und auf Verlangen der zuständigen Behörde vorzulegen. § 19 Abs. 1 Satz 3 Nr. 1,3,6, Abs. 3 Satz 1,2 Halbsatz und Abs. 4 findet entsprechende Anwendung.

(2) Die Besitzer von Abfällen aus gewerblichen oder sonstigen wirtschaftlichen Unternehmen oder öffentlichen Einrichtungen sind den Verpflichteten im Sinne des Absatzes 1 Satz 1 zur Auskunft verpflichtet, soweit sie diesen Abfälle überlasen haben.

(3) Die öffentlich-rechtlichen Entsorgungsträger im Sinne des § 15 haben Abfallbilanzen entsprechend Absatz 1 zu erstellen. Die Anforderungen an die Abfallbilanzen regeln die Länder.

§ 21 Anordnungen im Einzelfall

(1) Die zuständige Behörde kann im Einzelfall die erforderlichen Anordnungen zur Durchführung dieses Gesetzes und der auf Grund dieses Gesetzes erlassenen Rechtsverordnungen treffen.

(2) Die zuständige Behörde kann anordnen, daß Verpflichtete im Sinne des § 19 Abs. 1 einen von der zuständigen Obersten Landesbehörde bekanntgegebenen Sachverständigen mit der Prüfung von Abfallwirtschaftskonzepten und Abfallbilanzen nach den §§ 19 und 20 beauftragen.

(3) Werden Abfallwirtschaftskonzepte oder Abfallbilanzen nicht, nicht den Anforderungen entsprechend oder nicht rechtzeitig erstellt, kann die zuständige

Behörde dies beanstanden und dem Verpflichteten eine angemessene Frist zur Nachbesserung einräumen.

Dritter Teil. Produktverantwortung

§ 22 Produktverantwortung

(1) Wer Erzeugnisse entwickelt, herstellt, be- und verarbeitet oder vertreibt, trägt zur Erfüllung der Ziele der Kreislaufwirtschaft die Produktverantwortung. Zur Erfüllung der Produktverantwortung sind Erzeugnisse möglichst so zu gestalten, daß bei deren Herstellung und Gebrauch das Entstehen von Abfällen vermindert wird und die umweltverträgliche Verwertung und Beseitigung der nach deren Gebrauch entstanden Abfälle sichergestellt ist.

(2) Die Produktverantwortung umfaßt insbesondere

1. die Entwicklung, Herstellung und das Inverkehrbringen von Erzeugnissen, die mehrfach verwendbar, technisch langlebig und nach Gebrauch zu ordnungsgemäßen und schadlosen Verwertung und umweltverträglichen Beseitigung geeignet sind,
2. den vorrangigen Einsatz von verwertbaren Abfällen oder sekundären Rohstoffen bei der Herstellung von Erzeugnissen,
3. die Kennzeichnung von schadstoffhaltigen Erzeugnissen, um die umweltverträgliche Verwertung oder Beseitigung der nach Gebrauch verbleibenden Abfälle sicherzustellen,
4. den Hinweis auf Rückgabe-, Wiederverwendung- und Verwertungsmöglichkeiten oder -pflichten und Pfandregelungen durch Kennzeichnung der Erzeugnisse und
5. die Rücknahme der Erzeugnisse und der nach Gebrauch der Erzeugnisse verbleibenden Abfälle sowie deren nachfolgende Verwertung oder Beseitigung.

(3) Im Rahmen der Produktverantwortung nach Absatz 1 und 2 sind neben der Verhältnismäßigkeit der Anforderungen entsprechend § 5 Abs. 4. die sich aus anderen Rechtsvorschriften ergebenden Regelungen zur Produktverantwortung und zum Schutz der Umwelt sowie die Festlegungen des Gemeinschaftsrechts über den freien Warenverkehr zu berücksichtigen.

(4) Die Bundesregierung bestimmt durch Rechtsverordnungen auf Grund der §§ 23 und 24, welche Verpflichteten die Produktverantwortung nach Absatz 1 und 2 zu erfüllen haben. sie legt zugleich fest, für welche Erzeugnisse und in welcher Art und Weise die Produktverantwortung wahrzunehmen ist.

§ 23 Verbote, Beschränkungen und Kennzeichnungen

Zur Festlegung von Anforderungen nach § 22 wird die Bundesregierung ermächtigt, nach Anhörung der beteiligten Kreise (§ 60) durch Rechtsverordnung mit Zustimmung des Bundesrates zu bestimmen, daß

1. bestimmte Erzeugnisse, insbesondere Verpackungen und Behältnisse nur in bestimmter Beschaffenheit oder für bestimmte Verwendungen, bei denen eine ordnungsgemäße Verwertung oder Beseitigung der anfallenden Abfälle gewährleistet ist, in Verkehr gebracht werden dürfen,
2. bestimmte Erzeugnisse überhaupt nicht in Verkehr gebracht werden dürfen, wenn bei ihrer Entsorgung die Freisetzung schädlicher Stoffe nicht oder nur mit unverhältnismäßig hohem aufwand verhindert werden könnte oder die umweltverträgliche Entsorgung nicht auf andere Weise sichergestellt werden kann,
3. bestimmte Erzeugnisse nur in bestimmter, die Abfallentsorgung spürbar entlastenden Weise, insbesondere in einer die mehrfache Verwendung oder die Verwertung erleichternden Form in Verkehr gebracht werden dürfen,
4. bestimmte Erzeugnisse in bestimmter Weise zu kennzeichnen sind, um insbesondere die Erfüllung der Grundpflichten nach § 5 nach Rücknahme zu sichern (Kennzeichnungspflicht),
5. bestimmte Erzeugnisse wegen des Schadstoffgehaltes der nach bestimmungsgemäßem Gebrauch in der Regel verbleibenden Abfälle nur mit einer Kennzeichnung in den Verkehr gebracht werden dürfen, die insbesondere auf die Notwendigkeit einer Rückgabe an Hersteller, Vertreiber oder bestimmte Dritte hinweist, mit der die erforderliche besondere Verwertung oder Beseitigung sichergestellt wird,
6. für bestimmte Erzeugnisse, für die eine Rücknahme- oder Rückgabepflicht nach § 24 verordnet wurde, an der Stelle der Abgabe oder des Inverkehrbringens auf die Rückgabemöglichkeit hinzuweisen ist oder die Erzeugnisse entsprechend zu kennzeichnen sind,
7. bestimmte Erzeugnisse, für die die Erhebung eines Pfandes nach § 24 verordnet wurde, entsprechend zu kennzeichnen sind, ggf. mit Angabe der Höhe des Pfandes.

§ 24 Rücknahme- und Rückgabepflichten

(1) Zur Festlegung von Anforderungen nach § 22 wird die Bundesregierung ermächtigt, nach Anhörung der beteiligten Kreise (§ 60) durch Rechtsverordnung mit Zustimmung des Bundesrates zu bestimmen, daß Hersteller oder Vertreiber

1. bestimmte Erzeugnisse nur bei Eröffnung einer Rückgabemöglichkeit abgeben oder in Verkehr bringen dürfen,
2. bestimmte Erzeugnisse zurückzunehmen und die Rückgabe durch geeignete Maßnahmen, insbesondere durch Rücknahmesysteme oder durch Erhebung eines Pfandes, sicherzustellen haben,

3. bestimmte Erzeugnisse an der Abgabe- oder Anfallstelle zurückzunehmen haben,

4. gegenüber dem Land, der zuständigen Behörde oder den Entsorgungsträgern im Sinne der §§ 15, 17 oder 18 Nachweis zu führen über Art, Menge, Verwertung und Beseitigung der zurückgenommenen Abfälle, Belege einzubehalten und aufzubewahren und auf Verlangen vorzuzeigen haben.

(2) In einer Rechtsverordnung nach Absatz 1 kann zur Festlegung von Anforderungen nach § 22 sowie zur ergänzenden Festlegung von Pflichten der Erzeuger und Besitzer von Abfällen und der Entsorgungsträger im Sinne der §§ 15, 17 und 18 im Rahmen der Kreislaufwirtschaft weiter bestimmt werden,

1. wer die Kosten für die Rücknahme, Verwertung und Beseitigung der zurückzunehmenden Erzeugnisse zu tragen hat,

2. daß die Besitzer von Abfällen diese dem nach Absatz 1 verpflichteten Hersteller oder Vertreiber zu überlassen haben,

3. die Art und Weise der Überlassung, einschließlich der Maßnahmen im Sinne des § 4 Abs. 5 zum Bereitstellen, Sammeln und Befördern, sowie Bringpflichten der unter 1 genannten Besitzer,

4. daß die Entsorgungsträger im Sinne der §§ 15, 17 und 18 durch Erfassung der Abfälle als ihnen übertragene Aufgabe bei der Rücknahme mitzuwirken und die erfaßten Abfälle dem nach Absatz 1 Verpflichteten zu überlassen haben.

§ 25 Freiwillige Rücknahme

(1) Die Bundesregierung kann für die freiwillige Rücknahme von Abfällen nach Anhörung der beteiligten Kreise (§ 60) Zielfestlegungen treffen, die innerhalb einer angemessenen Frist zu erreichen sind. Sie veröffentlicht die Festlegungen im Bundesanzeiger.

(2) Hersteller und Vertreiber, die Abfälle zur Beseitigung, überwachungs- oder besonders überwachungsbedürftige Abfälle zur Verwertung freiwillig zurücknehmen, haben dies der zuständigen Behörde anzuzeigen. Die für die Entgegennahme der Anzeige Zuständige Behörde soll von Verpflichtungen nach § 49 sowie Nachweispflichten nach den §§ 43 und 46 Befreiungen erteilen, soweit durch die freiwillige Rücknahme die Ziele der Kreislaufwirtschaft nach den §§ 4 und 5 gefördert werden und die ordnungsgemäße Verwertung und Beseitigung der zurückgenommenen Abfälle in anderer geeigneter Weise nachgewiesen wird.

§ 26 Besitzerpflichten nach Rücknahme

Hersteller und Vertreiber, die Abfälle aufgrund einer Rechtsverordnung nach § 24 oder freiwillig zurücknehmen, unterliegen den Pflichten eines Besitzers von Abfällen nach den §§ 5 und 11.

<u>Vierter Teil. Planungsverantwortung</u>

1. Abschnitt: Ordnung und Planung

§ 27 Ordnung der Beseitigung

(1) Abfälle dürfen zum Zwecke der Beseitigung nur in den dafür zugelassenen Anlagen oder Einrichtungen (Abfallbeseitigungsanlagen) behandelt, gelagert oder abgelagert werden. Darüber hinaus ist die Behandlung von Abfällen zur Beseitigung in Anlagen zulässig, die überwiegend einem anderen Zweck als der Abfallbeseitigung dienen und die einer Genehmigung nach § 4 des Bundesimmissionsschutzgesetzes bedürfen.

Die Lagerung oder Behandlung von Abfällen zur Beseitigung in den diesen Zwecken dienenden Abfallbeseitigungsanlagen ist auch zulässig, soweit diese als unbedeutende Anlagen nach dem Bundesimmissionsschutzgesetz keiner Genehmigung bedürfen und in Rechtsverordnungen nach § 12 Abs. 1 oder nach § 23 des Bundesimmissionsschutzgesetzes oder in allgemeinen Verwaltungsvorschriften nach § 12 Abs. 2 nichts anderes bestimmt ist.

(2) Die zuständige Behörde kann im Einzelfall unter dem Vorbehalt des Widerrufs Ausnahmen von Absatz 1 Satz 1 zulassen, wenn dadurch das Wohl der Allgemeinheit nicht beeinträchtigt wird.

(3) Die Landesregierungen können durch Rechtsverordnung die Beseitigung bestimmter Abfälle oder bestimmter Mengen dieser Abfälle außerhalb von Anlagen im Sinne des Absatzes 1 Satz 1 zulassen, soweit hierfür ein Bedürfnis besteht und eine Beeinträchtigung des Wohles der Allgemeinheit nicht zu besorgen ist. Sie können in diesem Fall auch die Voraussetzungen und die Art und Weise der Beseitigung durch Rechtsverordnung bestimmen. Die Landesregierungen können die Ermächtigung durch Rechtsverordnung ganz oder teilweise auf andere Behörden übertragen.

§ 28 Durchführung der Beseitigung

(1) Die zuständige Behörde kann den Betreiber einer Abfallbeseitigungsanlage verpflichten, einem Beseitigungspflichtigen nach § 11 sowie den Entsorgungsträgern im Sinne der §§ 15,17 und 18 die Mitbenutzung der Abfallbeseitigungsanlage gegen angemessenes Entgelt zu gestatten, soweit dieser auf eine andere Weise den Abfall nicht zweckmäßig oder nur mit erheblichen Mehrkosten beseitigen kann und die Mitbenutzung für den Betreiber zumutbar ist. Kommt eine Einigung über das Entgelt nicht zustande, wird es durch die zuständige Behörde festgesetzt. Die Zuweisung darf nur erfolgen, wenn Rechtsvorschriften dieses Gesetzes nicht entgegenstehen; die Erfüllung der Grundpflicht gemäß § 11 muß sichergestellt sein. Die zuständige Behörde hat die Vorlage der Abfallwirtschaftskonzepte des durch die Zuweisung Begünstigten zu verlangen und ihrer

Entscheidung zugrundezulegen. Auf Antrag des nach Satz 1 Verpflichteten kann der durch die Zuweisung Begünstigte verpflichtet werden, Abfälle gleicher Art und Menge nach Fortfall der Gründe für die Zuweisung zu übernehmen.

(2) Die zuständige Behörde kann dem Betreiber einer Abfallbeseitigungsanlage, der Abfälle wirtschaftlicher als die Entsorgungsträger im Sinne der §§ 15, 17 und 18 beseitigen kann, die Beseitigung dieser Abfälle auf seinen Antrag übertragen. Die Übertragung kann mit der Auflage verbunden werden, daß der Antragsteller alle in dem von den Entsorgungsträgern erfaßten Gebiet angefallenen Abfälle gegen Erstattung der Kosten beseitigt, wenn die Entsorgungsträger die verbleibenden Abfälle nicht oder nur mit unverhältnismäßigem Aufwand beseitigen können; dies gilt nicht, wenn der Antragsteller darlegt, daß die Übernahme der Beseitigung unzumutbar ist.

(3) Der Abbauberechtigte oder Unternehmer eines Mineralgewinnungsbetriebes sowie der Eigentümer, Besitzer oder in sonstiger Weise Verfügungsberechtigte eines zur Mineralgewinnung genutzten Grundstückes kann von der zuständigen Behörde verpflichtet werden, die Beseitigung von Abfällen in freigelegten Bauen in seiner Anlage oder innerhalb seines Grundstückes zu dulden, den Zugang zu ermöglichen und dabei, soweit dies unumgänglich ist, vorhandene Betriebsanlagen oder Einrichtungen oder Teile derselben zur Verfügung zu stellen. Die ihm dadurch entstehenden Kosten hat der Beseitigungspflichtige zu erstatten. Die zuständige Behörde bestimmt den Inhalt dieser Verpflichtung. Der Vorrang der Mineralgewinnung gegenüber der Abfallbeseitigung darf nicht beeinträchtigt werden. Für die aus der Abfallbeseitigung entstehenden Schäden haftet der Duldungspflichtige nicht.

(4) Das Einbringen oder Einleiten von Abfällen zur Beseitigung in die Hohe See ist verboten. Das Einbringen oder Einleiten von Baggergut in die Hohe See darf unter Berücksichtigung der jeweiligen Inhaltsstoffe nur nach Maßgabe des in Satz 3 genannten Gesetzes erfolgen. Artikel 3 des Gesetzes vom 11. Februar 1977 zu den Übereinkommen vom 15. Februar 1972 und 29. Dezember 1972 zur Verhütung der Meeresverschmutzung durch das Einbringen von Abfällen durch Schiffe und Luftfahrzeuge (BGBl. 1977 II S. 165), zuletzt geändert durch die Fünfte Zuständigkeitsanpassungsverordnung vom 26. Februar 1993 (BGBl I S. 278), bleibt unberührt.

§ 29 Abfallwirtschaftsplanung

(1) Die Länder stellen für ihren Bereich Abfallwirtschaftspläne nach überörtlichen Gesichtspunkten auf. Die Abfallwirtschaftspläne stellen dar

1. die Ziele der Abfallvermeidung und -verwertung sowie
2. die zur Sicherung der Inlandsbeseitigung erforderlichen Abfallbeseitigungsanlagen.

Die Abfallwirtschaftspläne weisen aus

1. zugelassene Abfallbeseitigungsanlagen und
2. geeignete Flächen für Abfallbeseitigungsanlagen zur Endablagerung von Abfällen (Deponien) sowie für sonstige Abfallbeseitigungsanlagen.

Die Pläne können ferner bestimmen, welcher Entsorgungsträger vorgesehen ist und welcher Abfallbeseitigungsanlage sich die Beseitigungspflichtigen zu bedienen haben.

(2) Bei der Darstellung des Bedarfs sind zukünftige, innerhalb eines Zeitraumes von mindestens zehn Jahren zu erwartende Entwicklungen zu berücksichtigen. Soweit dies zur Darstellung des Bedarfs erforderlich ist, sind Abfallwirtschaftskonzepte und Abfallbilanzen auszuwerten.

(3) Eine Fläche kann als geeignet im Sinne des Absatzes 1 Satz 3 Nr. 2 angesehen werden, wenn ihre Lage, Größe und Beschaffenheit im Hinblick auf die vorgesehene Nutzung in Übereinstimmung mit den abfallwirtschaftlichen Zielsetzungen im Plangebiet steht und Belange des Wohles der Allgemeinheit nicht offensichtlich entgegenstehen. Die Flächenausweisung nach Absatz 1 ist nicht Voraussetzung für die Planfeststellung oder Genehmigung der in § 31 aufgeführten Abfallbeseitigungsanlagen.

(4) Die Ausweisungen im Sinne des Absatzes 1 Satz 3 Nr. 2 und Satz 4 können für die Beseitigungspflichtigen für verbindlich erklärt werden.

(5) Bei der Abfallwirtschaftsplanung sind die Ziele und Erfordernisse der Raumordnung und Landesplanung zu berücksichtigen. § 5 Abs. 4 und § 4 Abs. 5 des Raumordnungsgesetzes bleiben unberührt. Die raumbedeutsamen Erfordernisse und Maßnahmen der Abfallwirtschaftsplanung können in die Programme und Pläne im Sinne des § 5 des Raumordnungsgesetzes aufgenommen werden.

(6) Die Länder sollen ihre Abfallwirtschaftsplanungen aufeinander und untereinander abstimmen. Ist eine die Grenze eines Landes überschreitende Planung erforderlich, sollen die betroffenen Länder bei der Aufstellung der Abfallwirtschaftspläne die Erfordernisse und Maßnahmen im Benehmen miteinander festlegen.

(7) Bei der Aufstellung der Abfallwirtschaftspläne sind die Gemeinden oder deren Zusammenschlüsse und die Entsorgungsträger im Sinne der §§ 15,17 und 18 zu beteiligen.

(8) Die Länder regeln das Verfahren zur Aufstellung der Pläne und zu deren Verbindlichkeitserklärung.

(9) Die Pläne sind erstmalig zum 31. Dezember 1999 zu erstellen und alle fünf Jahre fortzuschreiben.

2. Abschnitt: Zulassung von Abfallbeseitigungsanlagen

§ 30 Erkundung geeigneter Standorte

(1) Eigentümer und Nutzungsberechtigte von Grundstücken haben zu dulden, daß Beauftragte der zuständigen Behörde oder der Entsorgungsträger im Sinne der §§ 15,17 und 18 zur Erkundung geeigneter Standorte für Deponien und öffentlich zugängliche Abfallbeseitigungsanlagen Grundstücke mit Ausnahme von Wohnungen betreten und Vermessungen, Boden- und Grundwasseruntersuchungen oder ähnliche Arbeiten ausführen. Die Absicht, Grundstücke zu betreten und solche Arbeiten durchzuführen, ist den Eigentümern und Nutzungsberechtigten der Grundstücke vorher bekanntzugeben.

(2) Die zuständige Behörde und die Entsorgungsträger im Sinne der §§ 15,17 oder 18 haben nach Abschluß der Arbeiten den vorherigen Zustand unverzüglich wiederherzustellen. Sie können verlangen, daß bei der Erkundung geschaffene Einrichtungen aufrechtzuerhalten sind. Die Einrichtungen sind zu beseitigen, wenn sie für die Erkundung nicht mehr benötigt werden oder wenn eine Entscheidung darüber nicht binnen zwei Jahren nach Schaffung der Einrichtung getroffen ist und der Eigentümer oder Nutzungsberechtigte dem weiteren Verbleib der Einrichtung gegenüber der Behörde widersprochen hat.

(3) Eigentümer und Nutzungsberechtigte von Grundstücken können von der zuständigen Behörde für Vermögensnachteile, die durch eine nach Absatz 2 zulässige Maßnahme entstehen, Ersatz in Geld verlangen.

§ 31 Planfeststellung und Genehmigung

(1) Die Errichtung und der Betrieb von ortsfesten Abfallbeseitigungsanlagen zur Lagerung oder Behandlung von Abfällen zur Beseitigung sowie die wesentliche Änderung einer solchen Anlage oder ihres Betriebes bedürfen der Genehmigung nach den Vorschriften des Bundesimmissionsschutzgesetzes; einer weiteren Zulassung nach diesem Gesetz bedarf es nicht.

(2) Die Errichtung und der Betrieb von Deponien sowie die wesentliche Änderung einer solchen Anlage oder ihres Betriebes bedürfen der Planfeststellung durch die zuständige Behörde. In dem Planfeststellungsverfahren ist eine Umweltverträglichkeitsprüfung, nach den Vorschriften des Gesetzes über die Umweltverträglichkeitsprüfung durchzuführen.

(3) Die zuständige Behörde kann an Stelle eines Planfeststellungsverfahrens auf Antrag oder von Amts wegen ein Genehmigungsverfahren durchführen, wenn

1. die Errichtung und der Betrieb einer unbedeutenden Deponie oder

2. die wesentliche Änderung einer Deponie oder ihres Betriebes beantragt wird, soweit die Änderung keine erheblichen nachteiligen Auswirkungen auf ein in

§ 2 Abs. 1 Satz 2 des Gesetzes über die Umweltverträglichkeitsprüfung genanntes Schutzgut haben kann, oder

3. die Errichtung und der Betrieb einer Deponie beantragt wird, die ausschließlich oder überwiegend der Entwicklung und Erprobung neuer Verfahren dient, und die Genehmigung für einen Zeitraum von höchstens zwei Jahren nach Inbetriebnahme der Anlage erteilt werden soll; dieser Zeitraum kann auf Antrag bis zu einem weiteren Jahr verlängert werden.

Satz 1 Nr. 1 und 2 gilt nicht für die Errichtung und den Betrieb von Anlagen zur Ablagerung von besonders überwachungsbedürftigen Abfällen, wenn hiervon erhebliche Auswirkungen auf die Umwelt ausgehen können; für diese Anlagen kann die Genehmigung nach Satz 1 Nr. 3 höchstens für einen Zeitraum von einem Jahr erteilt werden.

Die zuständige Behörde soll ein Genehmigungsverfahren durchführen, wenn die Änderung keine erheblichen nachteiligen Auswirkungen auf ein in § 2 Abs. 1 Satz 2 des Gesetzes über die Umweltverträglichkeitsprüfung genanntes Schutzgut hat und den Zweck verfolgt, eine wesentliche Verbesserung für diese Schutzgüter herbeizuführen.

§ 32 Erteilung, Sicherheitsleistung, Nebenbestimmungen

(1) Der Planfeststellungsbeschluß nach § 31 Abs. 2 oder die Genehmigung nach § 31 Abs. 3 dürfen nur erteilt werden, wenn

1. sichergestellt ist, daß das Wohl der Allgemeinheit nicht beeinträchtigt wird, insbesondere

> a) Gefahren für die in § 10 Abs. 4 genannten Schutzgüter nicht hervorgerufen werden können und

> b) Vorsorge gegen die Beeinträchtigungen der Schutzgüter, insbesondere durch bauliche, betriebliche oder organisatorische Maßnahmen entsprechend dem Stand der Technik getroffen wird,

2. keine Tatsachen vorliegen, aus denen sich Bedenken gegen die Zuverlässigkeit der für die Errichtung, Leitung oder Beaufsichtigung des Betriebes der Deponie verantwortlichen Personen ergeben, .

3. keine nachteiligen Wirkungen auf das Recht eines anderen zu erwarten sind und

4. die für verbindlich erklärten Feststellungen eines Abfallwirtschaftsplanes dem Vorhaben nicht entgegenstehen.

(2) Der Erteilung einer Planfeststellung oder Genehmigung stehen die in Absatz 1 Nr. 3 genannten nachteiligen Wirkungen auf das Recht eines anderen nicht entgegen, wenn sie durch Auflagen oder Bedingungen verhütet oder ausge-

glichen werden können oder der Betroffene ihnen nicht widerspricht. Absatz 1 Nr. 3 gilt nicht, wenn das Vorhaben dem Wohl der Allgemeinheit dient. Wird in diesem Fall die Planfeststellung erteilt, ist der Betroffene für den dadurch eingetretenen Vermögensnachteil in Geld zu entschädigen.

(3) Die zuständige Behörde kann verlangen, daß der Inhaber einer Deponie für die Rekultivierung sowie zur Verhinderung oder Beseitigung von Beeinträchtigungen des Wohles der Allgemeinheit nach Stillegung der Anlage Sicherheit leistet.

(4) Der Planfeststellungsbeschluß und die Genehmigung nach Absatz 1 können unter Bedingungen erteilt, mit Auflagen verbunden und befristet werden, soweit dies zur Wahrung des Wohles der Allgemeinheit erforderlich ist. Die Aufnahme, Änderung oder Ergänzung von Auflagen über Anforderungen an die Deponie oder ihren Betrieb ist auch nach dem Ergehen des Planfeststellungsbeschlusses oder nach der Erteilung der Genehmigung zulässig.

§ 33 Zulassung vorzeitigen Beginns

(1) In einem Planfeststellungs- oder Genehmigungsverfahren kann die für die Feststellung des Planes oder Erteilung der Genehmigung zuständige Behörde unter dem Vorbehalt des Widerrufes für einen Zeitraum von sechs Monaten zulassen, daß bereits vor Feststellung des Planes oder der Erteilung der Genehmigung mit der Errichtung und dem Betrieb des Vorhabens begonnen wird, wenn

1. mit einer Entscheidung zugunsten des Trägers des Vorhabens gerechnet werden kann,
2. an dem vorzeitigen Beginn ein öffentliches Interesse besteht und
3. der Träger des Vorhabens sich verpflichtet, alle bis zur Entscheidung durch die Ausführung verursachten Schäden zu ersetzen und, falls das Vorhaben nicht planfestgestellt oder genehmigt wird, den früheren Zustand wiederherzustellen.

Diese Frist kann auf Antrag um weitere sechs Monate verlängert werden.

(2) Die zuständige Behörde hat die Leistung einer Sicherheit zu verlangen, soweit dies erforderlich ist, um die Erfüllung der Verpflichtungen des Trägers des Vorhabens zu sichern.

§ 34 Planfeststellungsverfahren

(1.) Für das Planfeststellungsverfahren gelten die §§ 72 bis 78 des Verwaltungsverfahrensgesetzes. Die Bundesregierung wird ermächtigt, durch Rechtsverordnung mit Zustimmung des Bundesrates weitere Einzelheiten des Planfeststellungsverfahrens, insbesondere Art und Umfang der Antragsunterlagen zu regeln.

(2) Einwendungen im Rahmen des Zulassungsverfahrens können innerhalb der gesetzlich festgelegten Frist nur schriftlich erhoben werden.

§ 35 Bestehende Abfallbeseitigungsanlagen

(1) Die zuständige Behörde kann für Deponien, die vor dem 11. Juni 1972 betrieben wurden oder mit deren Errichtung begonnen war, für deren Betrieb Befristungen, Bedingungen und Auflagen anordnen. Sie kann den Betrieb dieser Anlagen ganz oder teilweise untersagen, wenn eine erhebliche Beeinträchtigung des Wohles der Allgemeinheit durch Auflagen, Bedingungen oder Befristungen nicht verhindert werden kann.

(2) In dem in Artikel 3 des Einigungsvertrages genannten Gebiet kann die zuständige Behörde für Deponien, die vor dem 1. Juli 1990 betrieben wurden oder mit deren Errichtung begonnen war, Befristungen, Bedingungen und Auflagen für deren Errichtung und Betrieb anordnen.

Absatz 1 Satz 2 gilt entsprechend.

§ 36 Stillegung

(1) Der Inhaber einer Deponie hat ihre beabsichtigte Stillegung der zuständigen Behörde unverzüglich anzuzeigen. Der Anzeige sind Unterlagen über Art, Umfang und Betriebsweise sowie die beabsichtigte Rekultivierung und sonstige Vorkehrungen zum Schutz des Wohles der Allgemeinheit beizufügen.

(2) Die zuständige Behörde soll den Inhaber verpflichten, auf seine Kosten das Gelände, das für eine Deponie nach Absatz 1 verwandt worden ist, zu rekultivieren und sonstige Vorkehrungen zu treffen, die erforderlich sind, Beeinträchtigungen des Wohles der Allgemeinheit zu verhüten.

(3) Die Verpflichtung nach Absatz 1 besteht auch für Inhaber von Anlagen, in denen besonders überwachungsbedürftige Abfälle anfallen.

Fünfter Teil. Absatzförderung

§ 37 Pflichten der öffentlichen Hand

(1) Die Behörden des Bundes sowie die der Aufsicht des Bundes unterstehenden juristischen Personen des öffentlichen Rechts, Sondervermögen und sonstigen Stellen sind verpflichtet, durch ihr Verhalten zur Erfüllung des Zweckes des § 1 beizutragen. Insbesondere haben sie unter Berücksichtigung der §§ 4 und 5 bei der Gestaltung von Arbeitsabläufen, der Beschaffung oder Verwendung von Material und Gebrauchsgütern, bei Bauvorhaben und sonstigen Aufträgen zu prüfen, ob und in welchem Umfang Erzeugnisse eingesetzt werden können, die

sich durch Langlebigkeit, Reparaturfreundlichkeit und Wiederverwendbarkeit oder Verwertbarkeit auszeichnen, im Vergleich zu anderen Erzeugnissen zu weniger oder zu schadstoffärmeren Abfällen führen oder aus Abfällen zur Verwertung hergestellt worden sind.

(2) Die in Absatz 1 genannten Stellen wirken im Rahmen ihrer Möglichkeiten darauf hin, daß die Gesellschaften des privaten Rechts, an denen sie beteiligt sind, die Verpflichtungen nach Absatz 1 beachten.

(3) Besondere Anforderungen, die sich für die Verwendung von Erzeugnissen oder Materialien aus Rechtsvorschriften oder aus Gründen des Umweltschutzes ergeben, bleiben unberührt.

Sechster Teil. Informationspflichten

§ 38 Abfallberatungspflicht

(1) Die Entsorgungsträger im Sinne der §§ 15,17 und 18 sind im Rahmen der ihnen übertragenen Aufgaben in Selbstverwaltung zur Information und Beratung über Möglichkeiten der Vermeidung, Verwertung und Beseitigung von Abfällen verpflichtet. Zur Beratung verpflichtet sind auch die Selbstverwaltungskörperschaften der Wirtschaft. Die Verpflichteten können mit dieser Aufgabe Dritte nach § 16 Abs. 1 beauftragen.

(2) Die zuständige Behörde hat den zur Beseitigung nach diesem Gesetz Verpflichteten auf Anfrage Auskunft über vorhandene geeignete Abfallbeseitigungsanlagen zu erteilen.

§ 39 Unterrichtung der Öffentlichkeit

Die Länder unterrichten die Öffentlichkeit über den erreichten Stand der Vermeidung und Verwertung von Abfällen sowie die Sicherung der Abfallbeseitigung.

Die Unterrichtung enthält unter Beachtung der bestehenden Geheimhaltungsvorschriften eine zusammenfassende Darstellung und Bewertung der Abfallwirtschaftspläne, einen Vergleich zum vorangehenden sowie eine Prognose für den folgenden Unterrichtungszeitraum.

Siebenter Teil. Überwachung

§ 40 Allgemeine Überwachung

(1) Die Vermeidung nach Maßgabe der aufgrund der §§ 23 und 24 erlassenen Rechtsverordnungen, die Verwertung und Beseitigung von Abfällen unterliegt der Überwachung durch die zuständige Behörde. Diese kann die Überwachung auch auf stillgelegte Abfallbeseitigungsanlagen und auf Grundstücke erstrecken, auf denen vor dem 11. Juni 1972 Abfälle zur Beseitigung angefallen sind, gelagert oder abgelagert worden sind, wenn dies zur Wahrung des Wohles der Allgemeinheit erforderlich ist.

(2) Auskunft über Betrieb, Anlagen, Einrichtungen und sonstige der Überwachung unterliegende Gegenstände haben den Beauftragten der Überwachungsbehörde zu erteilen

1. Erzeuger oder Besitzer von Abfällen,
2. Entsorgungspflichtige
3. Betreiber von Verwertungs- und Abfallbeseitigungsanlagen, auch wenn diese stillgelegt sind,
4. frühere Betreiber von Verwertungs- und Abfallbeseitigungsanlagen, auch wenn diese stillgelegt sind,
5. Betreiber von Abwasseranlagen, in denen Abfälle mitverwertet und mitbeseitigt werden,
6. Betreiber von Anlagen im Sinne des Bundesimmissionsschutzgesetzes, in denen Abfälle mitverwertet und mitbeseitigt werden.

Die Auskunftspflichtigen haben von der zuständigen Behörde dazu beauftragten Personen zur Prüfung der Einhaltung ihrer Verpflichtungen nach den §§ 5 und 11 das Betreten der Grundstücke, Geschäfts- und Betriebsräume, die Einsicht in Unterlagen und die Vornahme von technischen Ermittlungen und Prüfungen zu gestatten. Die Auskunftspflichtigen sind ferner verpflichtet, zu diesen Zwecken das Betreten der Wohnräume zu gestatten, wenn dies zur Verhütung einer dringenden Gefahr für die öffentliche Sicherheit oder Ordnung erforderlich ist. Das Grundrecht auf Unverletzlichkeit der Wohnung (Artikel 13 des Grundgesetzes) wird insoweit eingeschränkt.

(3) Betreiber von Verwertungs- und Abfallbeseitigungsanlagen oder von Anlagen, in denen Abfälle mitverwertet oder mitbeseitigt werden, haben die Anlagen zugänglich zu machen, die zur Überwachung erforderlichen Arbeitskräfte, Werkzeuge und Unterlagen zur Verfügung zu stellen und nach Anordnung der zuständigen Behörde Zustand und Betrieb der Anlage auf ihre Kosten prüfen zu lassen.

(4) Der zur Erteilung einer Auskunft Verpflichtete kann die Auskunft auf solche Fragen verweigern, deren Beantwortung ihn selbst oder einen der in § 383 Abs. 1

Nr. 1 bis 3 der Zivilprozeßordnung bezeichneten Angehörigen der Gefahr strafgerichtlicher Verfolgung oder eines Verfahrens nach dem Gesetz über Ordnungswidrigkeiten aussetzen würde.

§ 41 Überwachungsbedürftige Abfälle

(1) An die Überwachung sowie Beseitigung von Abfällen aus gewerblichen oder sonstigen wirtschaftlichen Unternehmen oder öffentlichen Einrichtungen, die nach Art, Beschaffenheit oder Menge in besonderem Maße gesundheits-, luft- oder wassergefährdend, explosibel oder brennbar sind oder Erreger übertragbarer Krankheiten enthalten oder hervorbringen können (besonders überwachungsbedürftige Abfälle zur Beseitigung), sind nach Maßgabe dieses Gesetzes besondere Anforderungen zu stellen. Die Bundesregierung bestimmt nach Anhörung der beteiligten Kreise (§ 60) durch Rechtsverordnung mit Zustimmung des Bundesrates die besonders überwachungsbedürftigen Abfälle zur Beseitigung.

(2) Alle nicht unter Absatz 1 fallenden Abfälle zur Beseitigung sind überwachungsbedürftig.

(3) Die Bundesregierung wird ermächtigt, nach Anhörung der beteiligten Kreise (§ 60) durch Rechtsverordnung mit Zustimmung des Bundesrates Abfälle zur Verwertung zu bestimmen,

1. für deren Verwertung sowie Überwachung aufgrund der in Absatz 1 genannten Stoffmerkmale nach Maßgabe dieses Gesetzes besondere Anforderungen zu stellen sind (besonders überwachungsbedürftige Abfälle zur Verwertung),
2. für die aufgrund ihrer Art, Beschaffenheit oder Menge bestimmte Anforderungen zur Sicherung der ordnungsgemäßen und schadlosen Verwertung erforderlich sind (überwachungsbedürftige Abfälle zur Verwertung).

(4) Die zuständige Behörde kann im Einzelfall für Abfälle eine von den Absätzen 1 bis 3 abweichende Einstufung vornehmen, soweit dies mit den dort genannten Belangen zu vereinbaren ist.

§ 42 Fakultatives Nachweisverfahren über die Beseitigung von Abfällen

(1) Die zuständige Behörde kann anordnen, daß Besitzer von Abfällen, die nicht mit den in Haushaltungen anfallenden Abfällen beseitigt werden, Nachweis über deren Art, Menge und Beseitigung sowie ein Nachweisbuch zu führen, Belege einzubehalten und aufzubewahren und die Nachweisbücher und Belege der zuständigen Behörde zur Prüfung vorzulegen haben.

(2) Der Nachweis nach Absatz 1 kann

1. vor Beginn der beabsichtigten Beseitigung in Form einer Erklärung des Besitzers, einer Annahmeerklärung des Beseitigers und der Bestätigung durch die zuständige Behörde sowie
2. nach Durchführung der Beseitigung in Form eines entsprechenden Nachweises über den Verbleib gefordert werden.

Die Entscheidung über Art, Umfang und Inhalt des geforderten Nachweises steht im pflichtgemäßen Ermessen der zuständigen Behörde.

(3) Die nach § 40 Abs. 2 Satz 1 Verpflichteten haben, auch ohne eine nach Absatz 1 ergangene Anordnung, die beim Umgang mit Abfällen zur Beseitigung für sie bestimmten Belege zum Zwecke des Nachweises fünf Jahre einzubehalten und aufzubewahren, soweit nicht durch Rechtsverordnung nach § 48 Nr. 4 eine andere Frist bestimmt ist.

§ 43 Obligatorisches Nachweisverfahren über die Beseitigung von besonders überwachungsbedürftigen Abfällen

(1) Die in Satz 2 genannten Verpflichteten haben, auch ohne besonderes Verlangen der zuständigen Behörde, über die Beseitigung von besonders überwachungsbedürftigen Abfällen, nicht jedoch für die durch Rechtsverordnung nach § 48 Nr. 5 festgesetzten Kleinmengen, entsprechend § 42 Abs. 1 und 2 ein Nachweisbuch zu führen und Belege vorzulegen. Hierzu sind verpflichtet

1. der Betreiber einer Anlage, in der Abfälle dieser Art anfallen,
2. jeder, der Abfälle dieser Art einsammelt oder befördert,
3. der Betreiber einer Abfallbeseitigungsanlage sowie
4. der Betreiber einer Abwasseranlage oder einer Anlage im Sinne des Bundesimmissionsschutzgesetzes, in der Abfälle dieser Art mitbeseitigt werden.

(2) Wer eine der in Absatz 1 Nr. 1 bis 4 genannten Voraussetzungen erfüllt, hat dies der zuständigen Behörde anzuzeigen.

(3) Die zuständige Behörde kann auf Antrag einen nach Absatz 1 Verpflichteten von der Führung eines Nachweisbuches oder der Vorlage der Belege ganz oder für einzelne Abfallarten unter dem Vorbehalt des Widerrufs freistellen, soweit dadurch eine Beeinträchtigung des Wohles der Allgemeinheit nicht zu befürchten ist.

§ 44 Ausnahmen vom obligatorischen Nachweisverfahren

(1) Soweit Erzeuger oder Besitzer Abfälle in eigenen, in einem engen räumlichen und betrieblichen Zusammenhang stehenden Anlagen beseitigen, werden die Nachweise durch Abfallwirtschaftskonzepte und Abfallbilanzen ersetzt. Eines Nachweises nach § 43 oder eines vereinfachten Nachweises nach § 42 Abs. 3 bedarf es nicht. Die nach § 42 Abs. 1 bestehende Befugnis der zuständigen Behörde, im Einzelfall Nachweise zu verlangen, bleibt unberührt.

(2) Wird die Eigenbeseitigung in Anlagen durchgeführt, die nicht in einem engen räumlichen und betrieblichen Zusammenhang stehen, soll die Behörde von der Vorlage von Nachweisen nach § 43 absehen, wenn die Gemeinwohlverträglichkeit der Eigenbeseitigung durch Abfallwirtschaftskonzepte und Abfallbilanzen nachgewiesen werden kann. In diesem Fall gilt Absatz 1 Satz 2 und 3 entsprechend.

§ 45 Fakultatives Nachweisverfahren über die Verwertung von Abfällen

(1) Für das Nachweisverfahren über die Verwertung von Abfällen findet die in § 42 für die Beseitigung von Abfällen getroffene Regelung Anwendung.

(2) Die Anordnung eines Nachweises über die Verwertung von nicht überwachungsbedürftigen Abfällen soll nur erfolgen, wenn das Wohl der Allgemeinheit dies erfordert. Verlangt die zuständige Behörde nach Absatz 1 i. V. m. § 42 einen Nachweis über die Verwertung von überwachungsbedürftigen Abfällen, soll sich ihr Verlangen

1. auf die Anzeige von Art und Menge der angefallenen Abfälle und die beabsichtigte Verwertung oder
2. den Nachweis der durchgeführten Verwertung oder
3. den Nachweis ihres Verbleibs beschränken.

(3) Die nach § 40 Abs. 2 Satz 1 Verpflichteten haben, auch ohne eine nach Absatz 1 i. V. m. § 42 Abs. 1 ergangene Anordnung, die beim Umgang mit überwachungsbedürftigen Abfällen zur Verwertung für sie bestimmten Belege zum Zwecke des Nachweises einzubehalten und aufzubewahren.

§ 46 Obligatorisches Nachweisverfahren über die Verwertung von besonders überwachungsbedürftigen Abfällen

(1) Die in Satz 2 genannten Verpflichteten haben auch ohne besonderes Verlangen der zuständigen Behörde über die Verwertung von besonders überwachungsbedürftigen Abfällen, nicht jedoch für die nach § 48 Nr. 5 festgesetzten Kleinmengen, Nachweise entsprechend § 42 Abs. 1 und 2 zu führen und Belege vorzulegen. Hierzu sind verpflichtet

1. der Betreiber einer Anlage, in der besonders überwachungsbedürftige Abfälle zur Verwertung anfallen,
2. jeder, der besonders überwachungsbedürftige Abfälle zur Verwertung einsammelt oder befördert,
3. der Betreiber einer Anlage, in der besonders überwachungsbedürftige Abfälle verwertet werden, sowie
4. der Betreiber einer Anlage im Sinne des Bundesimmissionsschutzgesetzes, in der besonders überwachungsbedürftige Abfälle mitverwertet werden.

(2) Wer eine der in Absatz 1 Nr. 1 bis 4 genannten Voraussetzungen erfüllt, hat dies der zuständigen Behörde anzuzeigen.

(3) Die zuständige Behörde kann auf Antrag einen nach Absatz 1 Verpflichteten von der Führung eines Nachweisbuches oder der Vorlage der Belege ganz oder für einzelne Abfallarten unter dem Vorbehalt des Widerrufs freistellen, soweit dadurch eine Beeinträchtigung des Wohles der Allgemeinheit nicht zu befürchten ist.

§ 47 Ausnahmen vom obligatorischen Nachweisverfahren

(1) Soweit Erzeuger oder Besitzer Abfälle in eigenen, in einem engen räumlichen und betrieblichen Zusammenhang stehenden Anlagen verwerten, werden die Nachweise durch Abfallwirtschaftskonzepte und Abfallbilanzen ersetzt. Eines Nachweises nach § 46 oder eines vereinfachten Nachweises nach § 45 Abs. 3 bedarf es nicht. Die nach § 45 Abs. 1 bestehende Befugnis der zuständigen Behörde, im Einzelfall Nachweise zu verlangen, bleibt unberührt.

(2) Wird die Verwertung in anderen als den in Absatz 1 genannten Anlagen durchgeführt, soll die Behörde von der Vorlage von Nachweisen nach § 46 absehen, wenn die Ordnungsgemäßheit und Schadlosigkeit der Verwertung durch Abfallwirtschaftskonzepte und Abfallbilanzen nachgewiesen werden kann. In diesem Fall gilt Absatz 1 Satz 2 und 3 entsprechend.

§ 48 Rechtsverordnungen über Verwertungs- sowie Beseitigungs- nachweise

Die Bundesregierung wird ermächtigt, nach Anhörung der beteiligten Kreise (§ 60) durch Rechtsverordnung mit Zustimmung des Bundesrates zu bestimmen,

1. daß die zu führenden Nachweise und Nachweisbücher, die Einbehaltung und Aufbewahrung der Belege bestimmten Anforderungen zu entsprechen haben,
2. daß für die in Nummer 1 genannten Unterlagen für einzelne Abfallarten oder -gruppen abweichende Anforderungen gelten,
3. daß die zuständige Behörde auf Antrag Art, Umfang und Inhalt der Nachweispflicht abweichend von den in Rechtsverordnungen nach Nummer 1 festgelegten Anforderungen bestimmen kann,
4. daß die in Nummer 1 genannten Nachweise, Nachweisbücher und Belege für eine bestimmte Frist aufzubewahren sind,
5. bei welchen Kleinmengen, die nach Art und Beschaffenheit der Abfälle unterschiedlich festgelegt werden können, nach § 43 Abs. 1 oder § 46 Abs. 1 Unterlagen nicht vorzulegen sind,
6. wer nach § 43 Abs. 2 und § 46 Abs. 2 der Anzeigepflicht unterliegt, sowie Form und Inhalt der Anzeige.

§ 49 Transportgenehmigung

(1) Abfälle zur Beseitigung dürfen gewerbsmäßig nur mit Genehmigung (Transportgenehmigung) der zuständigen Behörde eingesammelt oder befördert werden. Dies gilt nicht
1. für die Entsorgungsträger im Sinne der §§ 15, 17 und 18 sowie für die von diesen beauftragten Dritten,
2. für die Einsammlung oder Beförderung von Erdaushub, Straßenaufbruch oder Bauschutt, soweit diese nicht durch Schadstoffe verunreinigt sind,
3. für die Einsammlung oder Beförderung geringfügiger Abfallmengen im Rahmen wirtschaftlicher Unternehmen, soweit die zuständige Behörde auf Antrag oder von Amts wegen diese von der Genehmigungspflicht nach Satz 1 freigestellt hat.

(2) Die Genehmigung ist zu erteilen, wenn keine Tatsachen bekannt sind, aus denen sich Bedenken gegen die Zuverlässigkeit des Antragstellers oder der für die Leitung und Beaufsichtigung des Betriebes verantwortlichen Personen ergeben und der Einsammler, Beförderer und die von ihnen beauftragten Dritten die notwendige Sach- und Fachkunde besitzen. Die Genehmigung kann mit Auflagen verbunden werden, soweit dies zur Wahrung des Wohls der Allgemeinheit erforderlich ist. Die Erteilung der Transportgenehmigung befreit nicht von der Pflicht, vor Beginn des Einsammlungs- oder Beförderungsvorganges die auf Grund von Rechtsverordnungen nach den §§ 12, 24 und 48 vorgeschriebenen Nachweise zu erbringen.

(3) Die Bundesregierung wird ermächtigt, durch Rechtsverordnung mit Zustimmung des Bundesrates Vorschriften zu erlassen über

1. die Antragsunterlagen sowie Form und Inhalt der Transportgenehmigung,
2. die Festlegung der gebührenpflichtigen Tatbestände sowie die Auslagenerstattung. Die Gebühr beträgt mindestens zehn Deutsche Mark; sie darf im Einzelfall zehntausend Deutsche Mark nicht übersteigen. Die Vorschriften des Verwaltungskostengesetzes sind anzuwenden.

In der Rechtsverordnung können auch die Anforderungen an die Fach- und Sachkunde gemäß Absatz 2 Satz 1 bestimmt, Auflagen vorgesehen sowie bestimmt werden, daß die Wirksamkeit der Genehmigung in bestimmten Fällen von der Erbringung der in Absatz 2 Satz 3 genannten Nachweise abhängt.

(4) Die Genehmigung gilt für die Bundesrepublik Deutschland. Zuständig ist die Behörde des Landes, in dem der Beförderer oder Einsammler seinen Hauptsitz hat.

(5) Rechtsvorschriften, die aus Gründen der Sicherheit im Zusammenhang mit der Beförderung gefährlicher Güter erlassen sind, bleiben unberührt.

(6) Soweit eine Genehmigungspflicht nach Absatz 1 besteht, müssen Fahrzeuge, mit denen Abfälle auf öffentlichen Straßen befördert werden, mit zwei recht-

eckigen rückstrahlenden weißen Warntafeln von 40 Zentimeter Grundlinie und mindestens 30 Zentimeter Höhe versehen sein; die Warntafeln müssen in schwarzer Farbe die Aufschrift "A" (Buchstabenhöhe 20 Zentimeter, Schriftstärke zwei Zentimeter) tragen. Die Warntafeln sind während der Beförderung vorn und hinten am Fahrzeug senkrecht zur Fahrzeugachse und nicht höher als 1,50 Meter über der Fahrbahn deutlich sichtbar anzubringen. Bei Zügen muß die zweite Tafel an der Rückseite des Anhängers angebracht sein. Für das Anbringen der Warntafeln hat der Fahrzeugführer zu sorgen.

§ 50 Genehmigung für Vermittlungsgeschäfte und in sonstigen Fällen

(1) Wer, ohne im Besitz der Abfälle zu sein, für Dritte Verbringungen gewerbsmäßig vermitteln will, bedarf der Genehmigung der zuständigen Behörde. Die Genehmigung ist zu erteilen, wenn nicht Tatsachen die Annahme der Unzuverlässigkeit des Antragstellers oder einer mit der Leitung oder Beaufsichtigung des Betriebes (oder einer Zweigniederlassung) beauftragten Person rechtfertigen. Die Genehmigung kann inhaltlich beschränkt und mit Auflagen verbunden werden, soweit dies zum Schutze der Allgemeinheit oder der Umwelt erforderlich ist; unter denselben Voraussetzungen ist auch die nachträgliche Aufnahme, Änderung öder Ergänzung von Auflagen zulässig.
Sind der Genehmigungsbehörde entsprechende Tatsachen bekannt, obliegt es dem Antragsteller, diese zu widerlegen. Die Genehmigung ist zu widerrufen, wenn entsprechende Tatsachen nachträglich bekannt werden. Widerspruch und Anfechtungsklage haben keine aufschiebende Wirkung.
(2) Die Bundesregierung wird ermächtigt, nach Anhörung der beteiligten Kreise (§ 60) durch Rechtsverordnung mit Zustimmung des Bundesrates vorzuschreiben, daß derjenige,
1. der bestimmte besonders überwachungsbedürftige Abfälle zur Verwertung einsammelt oder befördert, in entsprechender Anwendung von § 49 Abs.1 bis 5 hierzu einer Genehmigung bedarf,
2. der bestimmte überwachungsbedürftige oder bestimmte besonders überwachungsbedürftige Abfälle, an deren schadlose Verwertung nach Maßgabe der §§ 4 bis 7 zum Schutze der Belange des Wohles der Allgemeinheit besondere Anforderungen zu stellen sind, in den Verkehr bringt oder verwertet, dazu einer Erlaubnis bedarf oder seine Zuverlässigkeit oder Sachkunde in einem näher festzulegenden Verfahren nachzuweisen hat.
(3) Wenn eine Genehmigung nach Absatz 1 oder 2 nicht erforderlich ist, haben beauftragte Dritte im Sinne des § 16 Abs. 1 ihre Tätigkeit bei der zuständigen Behörde anzuzeigen.

§ 51 Verzicht auf die Transportgenehmigung und die Genehmigung für Vermittlungsgeschäfte

(1) Einer Genehmigung nach § 49 Abs. 1 und § 50 Abs. 1 bedarf nicht, wer Entsorgungsfachbetrieb im Sinne des § 52 Abs. 1 ist und die beabsichtigte Aufnahme der Tätigkeit unter Beifügung des Nachweises der Fachbetriebseigenschaft der zuständigen Behörde angezeigt hat.

(2) Die zuständige Behörde kann für die Durchführung der anzuzeigenden Tätigkeiten Auflagen vorsehen, soweit dies erforderlich ist, um die Erfüllung der Pflichten nach den §§ 5 und 11 sicherzustellen. Die zuständige Behörde hat die Durchführung der anzuzeigenden Tätigkeiten zu untersagen, wenn Tatsachen bekannt sind, aus denen sich Bedenken gegen die Zuverlässigkeit des Anzeigepflichtigen oder der für die Leitung und Beaufsichtigung des Betriebes verantwortlichen Personen ergeben oder die Einhaltung der in den §§ 5 und 11 genannten Pflichten anders nicht zu gewährleisten ist.

§ 52 Entsorgungsfachbetriebe, Entsorgergemeinschaften

(1) Entsorgungsfachbetrieb ist, wer berechtigt ist, das Gütezeichen einer nach Absatz 3 anerkannten Entsorgergemeinschaft zu führen oder einen Überwachungsvertrag mit einer technischen Überwachungsorganisation abgeschlossen hat, der eine mindestens einjährige Überprüfung einschließt. Überwachungsverträge bedürfen der Zustimmung der für die Abfallwirtschaft zuständigen obersten Landesbehörde oder der von ihr bestimmten Behörde; die Zustimmung kann auch allgemein erteilt werden.

(2) Die Bundesregierung wird ermächtigt, nach Anhörung der beteiligten Kreise (§ 60) durch Rechtsverordnung mit Zustimmung des Bundesrates Anforderungen an Entsorgungsfachbetriebe vorzuschreiben. Dabei können insbesondere Mindestanforderungen an die Fachkenntnisse festgelegt, der Nachweis der persönlichen Zuverlässigkeit und einer ausreichenden Haftpflichtversicherung gefordert und Anforderungen an Geräte und Ausrüstungen bestimmt werden. Sie kann darüber hinaus auch eine besondere Anerkennung der Entsorgungsfachbetriebe vorschreiben, das Verfahren und die Voraussetzungen für die Anerkennung, ihren Widerruf, ihre Rücknahme und ihr Erlöschen sowie für Prüfungen, die Bestellung und Zusammensetzung der Prüforgane und des Prüfverfahrens regeln.

(3) Entsorgergemeinschaften bedürfen der Anerkennung durch die für die Abfallwirtschaft zuständige oberste Landesbehörde oder die von ihr bestimmte Behörde. Die Anerkennung kann widerrufen werden, insbesondere um drohenden Beschränkungen des Wettbewerbs entgegenzuwirken. Die Tätigkeit der Entsorgergemeinschaften ist nach einheitlichen Richtlinien, die vom Bundesministerium für Umwelt, Naturschutz und Reaktorsicherheit mit Zustimmung des Bundesrates erlassen werden, durchzuführen. In ihnen können auch die Voraussetzungen für die Anerkennung und deren Widerruf sowie das Überwachungszeichen und die Form seiner Erteilung und seines Entzugs geregelt werden.

Achter Teil. Betriebsorganisation und Beauftragter für Abfall

§ 53 Mitteilungspflichten zur Betriebsorganisation

(1) Besteht bei Kapitalgesellschaften das vertretungsberechtigte Organ aus mehreren Mitgliedern oder sind bei Personengesellschaften mehrere vertretungsberechtigte Gesellschafter vorhanden, so ist der zuständigen Behörde anzuzeigen, wer von ihnen nach den Bestimmungen über die Geschäftsführungsbefugnis für die Gesellschaft die Pflichten des Betreibers einer genehmigungsbedürftigen Anlage im Sinne des § 4 des Bundesimmissionsschutzgesetzes oder des Besitzers im Sinne des § 26 wahrnimmt, die ihm nach diesem Gesetz und nach den aufgrund dieses Gesetzes erlassenen Rechtsverordnungen obliegen. Die Gesamtverantwortung aller Organmitglieder oder Gesellschafter bleibt hiervon unberührt.

(2) Der Betreiber einer genehmigungsbedürftigen Anlage im Sinne des § 4 des Bundesimmissionsschutzgesetzes, der Besitzer im Sinne des § 26 oder im Rahmen ihrer Geschäftsführungsbefugnis die nach Absatz 1 Satz 1 anzuzeigende Person hat der zuständigen Behörde mitzuteilen, auf welche Weise sichergestellt ist, daß die der Vermeidung, Verwertung und umweltverträglichen Beseitigung von Abfällen dienenden Vorschriften und Anordnungen beim Betrieb beachtet werden.

§ 54 Bestellung eines Betriebsbeauftragten für Abfall

(1) Betreiber von genehmigungsbedürftigen Anlagen im Sinne des § 4 des Bundesimmissionsschutzgesetzes, Betreiber von Anlagen, in denen regelmäßig besonders überwachungsbedürftige Abfälle anfallen, Betreiber ortsfester Sortier-, Verwertungs- oder Abfallbeseitigungsanlagen sowie Besitzer im Sinne des § 26 haben einen oder mehrere Betriebsbeauftragte für Abfälle (Abfallbeauftragte) zu bestellen, sofern dies im Hinblick auf die Art oder die Größe der Anlagen wegen der

1. in den Anlagen anfallenden, verwerteten öder beseitigten Abfälle,
2. technischen Probleme der Vermeidung, Verwertung oder Beseitigung oder
3. Eignung der Produkte oder Erzeugnisse, bei oder nach bestimmungsgemäßer Verwendung Probleme hinsichtlich der ordnungsgemäßen und schadlosen Verwertung oder umweltverträglichen Beseitigung hervorzurufen,

erforderlich ist. Das Bundesministerium für Umwelt, Naturschutz und Reaktorsicherheit bestimmt nach Anhörung der beteiligten Kreise (§ 60) durch Rechtsverordnung mit Zustimmung des Bundesrates Anlagen nach Satz 1, deren Betreiber Abfallbeauftragte zu bestellen haben.

(2) Die zuständige Behörde kann anordnen, daß Betreiber von Anlagen nach Absatz 1 Satz 1, für die die Bestellung eines Abfallbeauftragten nicht durch

Rechtsverordnung vorgeschrieben ist, einen oder mehrere Abfallbeauftragte zu bestellen haben, soweit sich im Einzelfall die Notwendigkeit der Bestellung aus den in Absatz 1 Satz 1 genannten Gesichtspunkten ergibt.

(3) Ist nach § 53 des Bundesimmissionsschutzgesetzes ein Immissionsschutzbeauftragter oder nach § 21 a des Wasserhaushaltsgesetzes ein Gewässerschutzbeauftrager zu bestellen, so können diese auch die Aufgaben und Pflichten eines Abfallbeauftragten nach diesem Gesetz wahrnehmen.

§ 55 Aufgaben

(1) Der Abfallbeauftragte berät den Betreiber und die Betriebsangehörigen in Angelegenheiten, die für die Kreislaufwirtschaft und die Abfallbeseitigung bedeutsam sein können. Er ist berechtigt und verpflichtet,

1. den Weg der Abfälle von ihrer Entstehung oder Anlieferung bis zu ihrer Verwertung oder Beseitigung zu überwachen,
2. die Einhaltung der Vorschriften dieses Gesetzes und der aufgrund dieses Gesetzes erlassenen Rechtsverordnungen sowie die Erfüllung erteilter Bedingungen und Auflagen zu überwachen, insbesondere durch Kontrolle der Betriebsstätte und der Art und Beschaffenheit der in der Anlage anfallenden, verwerteten oder beseitigten Abfälle in regelmäßigen Abständen, Mitteilung festgestellter Mängel und Vorschläge über Maßnahmen zur Beseitigung dieser Mängel,
3. die Betriebsangehörigen aufzuklären über Beeinträchtigungen des Wohls der Allgemeinheit, welche von den Abfällen ausgehen können, die in der Anlage anfallen, verwertet oder beseitigt werden, und über Einrichtungen und Maßnahmen zu ihrer Verhinderung unter Berücksichtigung der für die Vermeidung, Verwertung und Beseitigung von Abfällen geltenden Gesetze und Rechtsverordnungen,
4. bei genehmigungsbedürftigen Anlagen im Sinne des § 4 des Bundesimmissionsschutzgesetzes oder solchen Anlagen, in denen regelmäßig besonders überwachungsbedürftige Abfälle anfallen, zudem auf die Entwicklung und Einführung
   a) umweltfreundlicher und abfallarmer Verfahren, einschließlich Verfahren zur Vermeidung, ordnungsgemäßen und schadlosen Verwertung oder umweltverträglichen Beseitigung von Abfällen sowie
   b) umweltfreundlicher und abfallarmer Erzeugnisse, einschließlich Verfahren zur Wiederverwendung, Verwertung oder umweltverträglichen Beseitigung nach Wegfall der Nutzung hinzuwirken und
   c) bei der Entwicklung und Einführung der unter Buchstaben a und b genannten Verfahren mitzuwirken, insbesondere durch Begutachtung der Verfahren und Erzeugnisse unter den Gesichtspunkten der Kreislaufwirtschaft und Beseitigung,

5. bei Anlagen, in denen Abfälle verwertet oder beseitigt werden, zudem auf Verbesserungen des Verfahrens hinzuwirken.

(2) Der Abfallbeauftragte erstattet dem Betreiber jährlich einen Bericht über die nach Absatz 1 Nr. 1 bis 5 getroffenen und beabsichtigten Maßnahmen.

(3) Auf das Verhältnis zwischen dem zur Bestellung Verpflichteten und dem Abfallbeauftragten finden die §§ 55 bis 58 des Bundesimmissionsschutzgesetzes entsprechende Anwendung.

Neunter Teil. Schlußbestimmungen

§ 56 Geheimhaltung und Datenschutz

Die Rechtsvorschriften über Geheimhaltung und Datenschutz bleiben unberührt.

§ 57 Umsetzung von Rechtsakten der Europäischen Gemeinschaften

Zur Umsetzung von Rechtsakten der Europäischen Gemeinschaften kann die Bundesregierung zu dem in §1 genannten Zweck mit Zustimmung des Bundesrates Rechtsverordnungen zur Sicherstellung der ordnungsgemäßen und schadlosen Verwertung sowie umweltverträglichen Beseitigung erlassen. In den Rechtsverordnungen kann auch geregelt werden, wie die Bevölkerung zu unterrichten ist.

§ 58 Vollzug im Bereich der Bundeswehr

(1) Im Geschäftsbereich des Bundesministeriums der Verteidigung obliegt der Vollzug des Gesetzes und der darauf gestützten Rechtsverordnungen für die Verwertung und Beseitigung militäreigentümlicher Abfälle dem Bundesminister der Verteidigung und den von ihm bestimmten Stellen.
(2) Das Bundesministerium der Verteidigung wird ermächtigt, für die Verwertung oder die Beseitigung von Abfällen im Sinne des Absatzes 1 aus dem Bereich der Bundeswehr Ausnahmen von diesem Gesetz und den auf dieses Gesetz gestützten Rechtsverordnungen zuzulassen, soweit zwingende Gründe der Verteidigung oder die Erfüllung zwischenstaatlicher Pflichten dies erfordern.

§ 59 Beteiligung des Bundestages beim Erlaß von Rechtsverordnungen

Rechtsverordnungen nach § 6 Abs. 1, § 7 Abs. 1 Nr. 1 und 4 und den §§ 23, 24 und 57 dieses Gesetzes sind dem Bundestag zuzuleiten. Die Zuleitung erfolgt vor der Zuleitung an den Bundesrat. Die Rechtsverordnungen können durch Beschluß des Bundestages geändert oder abgelehnt werden. Der Beschluß des Bundestages wird der Bundesregierung zugeleitet. Hat sich der Bundestag nach

Ablauf von drei Sitzungswochen seit Eingang der Rechtsverordnung nicht mit ihr befaßt, so wird die unveränderte Rechtsverordnung dem Bundesrat zugeleitet.

§ 60 Anhörung beteiligter Kreise

Soweit Ermächtigungen zum Erlaß von Rechtsverordnungen und allgemeinen Verwaltungsvorschriften die Anhörung der beteiligten Kreise vorschreiben, ist ein jeweils auszuwählender Kreis von Vertretern der Wissenschaft, der Betroffenen, der beteiligten Wirtschaft, der für die Abfallwirtschaft zuständigen obersten Landesbehörden, der Gemeinden und Gemeindeverbände zu hören.

§ 61 Bußgeldvorschriften

(1) Ordnungswidrig handelt, wer vorsätzlich oder fahrlässig

1. Abfälle, die er nicht verwertet, außerhalb einer Anlage nach §27 Abs. 1 Satz 1 behandelt, lagert oder ablagert,
2. entgegen § 27 Abs. 1 Satz 1 Abfälle zur Beseitigung außerhalb einer dafür zugelassenen Abfallbeseitigungsanlage behandelt, lagert oder ablagert,
3. ohne Genehmigung nach § 49 Abs. 1 Satz 1 Abfälle zur Beseitigung einsammelt oder befördert oder einer vollziehbaren Auflage nach § 49 Abs. 2 Satz 2 zuwiderhandelt.
4. ohne Genehmigung nach § 50 Abs. 1 die Vermittlung von Verbringungen von Abfällen vornimmt,
5. einer Rechtsverordnung nach § 6 Abs. 1, § 7, § 8, § 12 Abs. 1, § 23, § 24, § 27 Abs. 3 Satz 1 und 2, § 49 Abs. 3 oder § 50 Abs. 2 zuwiderhandelt, soweit sie für einen bestimmten Tatbestand auf diese Bußgeldvorschrift verweist.

(2) Ordnungswidrig handelt, wer vorsätzlich oder fahrlässig

1. entgegen §25 Abs. 2 Satz 1, § 43 Abs. 2 oder § 46 Abs. 2 eine Anzeige nicht erstattet,
2. entgegen § 30 Abs. 1 Satz 1 das Betreten eines Grundstückes oder die Ausführung von Vermessungen, Boden- oder Grundwasseruntersuchungen nicht duldet,
3. entgegen § 40 Abs. 2 Satz 1 eine Auskunft nicht, nicht vollständig oder nicht richtig erteilt,
4. entgegen § 40 Abs. 2 Satz 2 oder 3 das Betreten eines Grundstückes, eines Wohn-, Geschäfts- oder Betriebsraumes, die Einsicht in Unterlagen oder die Vornahme von technischen Ermittlungen oder Prüfungen nicht gestattet,
5. entgegen § 40 Abs. 3 Arbeitskräfte, Werkzeuge oder Unterlagen nicht zur Verfügung stellt,
6. einer vollziehbaren Anordnung nach § 40 Abs. 3, § 42 Abs. 1, euch in Verbindung mit § 45 Abs. 1, oder § 54 Abs. 2 zuwiderhandelt,
7. entgegen § 43 Abs. 1 Satz 1 oder § 46 Abs. 1 Satz 1 ein Nachweisbuch nicht führt oder Belege nicht vorlegt,

8. entgegen § 49 Abs. 6 eine Warntafel nicht oder nicht in der vorgeschriebenen Weise anbringt,

9. entgegen § 54 Abs. 1 Satz 1 in Verbindung mit einer Rechtsverordnung nach Satz 2 einen Abfallbeauftragten nicht bestellt oder

10. einer Rechtsverordnung nach § 48 zuwiderhandelt, soweit sie für einen bestimmten Tatbestand auf diese Bußgeldvorschrift verweist.

(3) Die Ordnungswidrigkeit nach Absatz 1 kann mit einer Geldbuße bis zu 100.000 Deutsche Mark, die Ordnungswidrigkeit nach Absatz 2 mit einer Geldbuße bis zu 20.000 Deutsche Mark geahndet werden.

§ 62 Einziehung

Ist eine Ordnungswidrigkeit nach § 61 Abs. 1 Nr. 2, 3, 4 oder 5 begangen worden, so können Gegenstände,

1. auf die sich die Ordnungswidrigkeit bezieht oder

2. die zur Begehung oder Vorbereitung gebraucht wurden oder bestimmt gewesen sind,

eingezogen werden. § 23 des Gesetzes über Ordnungswidrigkeiten ist anzuwenden.

§ 63 Zuständige Behörden

Die Landesregierungen oder die von ihnen bestimmten Stellen bestimmen die für die Ausführung dieses Gesetzes zuständigen Behörden, soweit die Regelung nicht durch Landesgesetz erfolgt.

§ 64 Übergangsvorschriften

Die §§ 5 a und 5 b des Gesetzes über die Vermeidung und Entsorgung von Abfällen bleiben in Kraft, bis sie durch entsprechende Rechtsverordnungen nach den §§ 7 und 24 dieses Gesetzes abgelöst worden sind.

Anhang I. Abfallgruppen

Q1   Nachstehend nicht näher beschriebene Produktions- oder Verbrauchsrückstände

Q2   Nicht den Normen entsprechende Produkte

Q3   Produkte, bei denen das Verfalldatum überschritten ist

Q4   Unabsichtlich ausgebrachte oder verlorene oder von einem sonstigen Zwischenfall betroffene Produkte einschließlich sämtlicher Stoffe, Anlagenteile usw., die bei einem solchen Zwischenfall kontaminiert worden sind

Q5   Infolge absichtlicher Tätigkeiten kontaminierte oder verschmutzte Stoffe (z. B. Reinigungsrückstände, Verpackungsmaterial, Behälter usw.)

Q6   Nichtverwendbare Elemente (z. B. verbrauchte Batterien, Katalysatoren usw.)

Q7   Unverwendbar gewordene Stoffe (z. B. kontaminierte Säuren, Lösungsmittel, Härtesalze usw.)

Q8   Rückstände aus industriellen Verfahren (z. B. Schlacken, Destillationsrückstände usw.)

Q9   Rückstände von Verfahren zur Bekämpfung der Verunreinigung (z. B. Gaswaschschlamm, Luftfilterrückstand, verbrauchte Filter usw.)

Q10   Bei maschineller und spannender Formgebung anfallende Rückstände (z. B. Dreh- und Fräsespäne usw.)

Q11   Bei der Förderung und der Aufbereitung von Rohstoffen anfallende Rückstände (z. B. im Bergbau, bei der Erdölförderung usw.)

Q12   Kontaminierte Stoffe (z. B. mit PCB verschmutztes Öl usw.)

Q13   Stoffe oder Produkte aller Art, deren Verwendung gesetzlich verboten ist

Q14   Produkte, die vom Besitzer nicht oder nicht mehr verwendet werden (z. B. in der Landwirtschaft, den Haushaltungen, Büros, Verkaufsstellen, Werkstätten usw.)

Q15   Kontaminierte Stoffe oder Produkte, die bei der Sanierung von Böden anfallen

Q16   Stoffe oder Produkte aller Art, die nicht einer der oben erwähnten Gruppen angehören.

Anhang II A. Beseitigungsverfahren

Dieser Anhang führt Beseitigungsverfahren auf, die in der Praxis angewandt werden. Nach Artikel 4 der Richtlinie 75/442/EWG des Rates vom 25. Juli 1975 über Abfälle (ABI. EG Nr. L 194, S. 39), geändert durch Richtlinie 91/156/EWG (ABI. EG Nr. L 78, S. 32), zuletzt geändert durch die Richtlinie 91/692/EWG (ABI. EG Nr. L 377, S. 48), müssen die Abfälle beseitigt werden, ohne daß die menschliche Gesundheit gefährdet wird und ohne daß Verfahren oder Methoden verwendet werden, welche die Umwelt schädigen können.

D1   Ablagerungen in oder auf dem Boden (d. h. Deponien usw.)

D2   Behandlung im Boden (z. B. biologischer Abbau von flüssigen oder schlammigen Abfällen im Erdreich usw.)

D3   Verpressung (z. B. Verpressung pumpfähiger Abfälle in Bohrlöcher, Salzdome oder natürliche Hohlräume usw.)

D4   Oberflächenaufbringung (z. B. Ableitung flüssiger oder schlammiger Abfälle in Gruben, Teiche oder Lagunen usw.)

D5   Speziell angelegte Deponien (z. B. Ablagerung in abgedichteten, getrennten Räumen, die verschlossen und gegeneinander und gegen die Umwelt isoliert werden usw.)

D6   Einleitung in ein Gewässer mit Ausnahme von Meeren/ Ozeanen
D7   Einleitung in Meere/Ozeane einschließlich Einbringung in den Meeresboden
D8   Biologische Behandlung, die nicht an anderer Stelle in diesem Anhang beschrieben ist und durch die Endverbindungen oder Gemische entstehen, die mit einem der in diesem Anhang aufgeführten Verfahren entsorgt werden
D9   Chemisch/physikalische Behandlung, die nicht an anderer Stelle in diesem Anhang beschrieben ist und durch die Endverbindungen oder -gemische entstehen, die mit einem der in diesem Anhang beschriebenen Verfahren entsorgt werden (z. B. Verdampfen, Trocknen, Kalzinieren, Neutralisieren, Ausfällen usw.)
D10   Verbrennung an Land
D11   Verbrennung auf See
D12   Dauerlagerung (z. B. Lagerung von Behältern in einem Bergwerk usw.)
D13   Vermengung oder Vermischung vor Anwendung eines der in diesem Anhang beschriebenen Verfahren
D14   Rekonditionierung vor Anwendung eines der in diesem Anhang beschriebenen Verfahren
D15   Lagerung bis zur Anwendung eines der in diesem Anhang beschriebenen Verfahren (Zwischenlagerung), ausgenommen zeitweilige Lagerung - bis zum Einsammeln - auf dem Gelände der Entstehung der Abfälle.

Anhang II B. Verwertungsverfahren

Dieser Anhang führt Verwertungsverfahren auf, die in der Praxis angewandt werden. Nach Artikel 4 der Richtlinie 75/442/EWG des Rates vom 25. Juli 1975 über Abfälle (ABl. EG Nr. L 194, S. 39), geändert durch Richtlinie 91/156/EWG (ABl. EG Nr. L 78, S. 32), zuletzt geändert durch die Richtlinie 91/692/EWG (ABl. EG Nr. L 377, S. 48), müssen die Abfälle verwertet werden, ohne daß die menschliche Gesundheit gefährdet und ohne daß Verfahren oder Methoden verwendet werden, welche die Umwelt schädigen können.

R1   Rückgewinnung/Regenerierung von Lösemitteln
R2   Verwerfung/Rückgewinnung organischer Stoffe, die nicht als Lösemittel verwendet werden
R3   Verwertung/Rückgewinnung von Metallen und Metallverbindungen
R4   Verwertung/Rückgewinnung anderer anorganischer Stoffe
R5   Regenerierung von Säuren oder Basen
R6   Wiedergewinnung von Bestandteilen, die der Bekämpfung der Verunreinigung dienen
R7   Wiedergewinnung von Katalysatorenbestandteilen
R8   Altölraffination oder andere Wiederverwendungsmöglichkeiten von Altöl

R9   Verwendung als Brennstoff (außer bei Direktverbrennung) oder andere Mittel der Energieerzeugung

R10   Aufbringung auf den Boden zum Nutzen der Landwirtschaft oder der Ökologie, einschließlich der Kompostierung und sonstiger biologischer Umwandlungsverfahren, mit Ausnahme der nach Artikel 2 Absatz 1 Buchstabe b Ziffer III der Richtlinie des Rates 75/442/EWG über Abfälle (ABl. Nr. L 194, S. 39), geändert durch Richtlinie 91/156/EWG (ABl. EG Nr. L 78, S. 32), zuletzt geändert durch die Richtlinie 91/692/EWG (ABl. Nr. L 377, S. 48), ausgeschlossenen Abfälle

R11   Verwendung von Rückständen, die bei einem der unter R1 bis R10 aufgezählten Verfahren gewonnen werden

R12   Austausch von Abfällen, um sie einem der unter R1 bis R11 aufgezählten Verfahren zu unterziehen

R13   Ansammlung von Stoffen, die für ein der in diesem Anhang beschriebenen Verfahren vorgesehen sind, ausgenommen zeitweilige Lagerung - bis zum Einsammeln - auf dem Gelände der Entstehung der Abfälle.

Quelle:
Bundesministerium für Umwelt, Naturschutz und Reaktorsicherheit (Hrsg.). Bonn, August 1994.

14 Sachverzeichnis

Literaturverzeichnis

1   Kreibich, Rolf u.a. (Hrsg.): Vermeiden statt Entsorgen - Präventive Abfallpolitik, Weinheim/Basel: 1993.

2   Statistisches Bundesamt, Öffentliche Abfallbeseitigung 1987, Fachserie 19, Reihe 1.1 und Abfallbeseitigung im produzierenden Gewerbe und in Krankenhäusern 1987, Fachserie 19, Reihe 1.2, Wiesbaden 1990.

3   Ministerium für Naturschutz, Umweltschutz und Wasserwirtschaft der DDR, Umweltbericht 1990, Berlin: 1990.

4   Kreibich, R.: Perspektiven für eine ökologische Wertstoffwirtschaft, in: Kreibich, R.; Behrendt, S. u.a. (Hrsg.): Vermeiden statt Entsorgen, Präventive Abfallpolitik, Weinheim/Basel: 1993.

5   Schenkel, Werner und Faulstich, Martin: Möglichkeiten und Grenzen der Abfallwirtschaft, in: Schenkel, W. (Hrsg.): Recht auf Abfall, Berlin: 1993.

6   Umweltbelastungsbilanz eines Autos, Umwelt- und Prognoseinstitut, Heidelberg (UPI), STERN 23/93, S. 174 ff, Hamburg: 1993.

7   Jänicke, Martin/Mönch, Harald, Ökologische Dimensionen wirtschaftlichen Strukturwandels - eine Untersuchung über 32 Industrieländer, Forschungsstelle für Umweltpolitik der FU Berlin, FFU rep. 90-10, Berlin: 1990.

8   Der Rat von Sachverständigen für Umweltfragen, Sondergutachten Abfallwirtschaft 1990, Stuttgart: 1991, S. 28, Ziff. 47.

9   Verein Deutscher Ingenieure (Hrsg.): Konstruieren recyclinggerechter technischer Produkte. Grundlagen und Gestaltungsregeln. VDI-Richtlinie 2243. Düsseldorf: VDI-EKV, 1993.

10   BT-Drucksache 12/5672 vom 15.9.93, S. 1 und 2.

11   Neumüller O.A. Römps Chemie-Lexikon. Stuttgart: Frankh'sche Verlagshandlung, 1981.

12   Quelle: ZVEI; Werkstoffmengenerwartung gebrauchter E+E-Geräte für 1994

13   Umweltbundesamt: Sachstand Polybromierte Dibenzodioxine (PBDD), Polybromierte Dibenzofurane (PBDF), Berlin: 1989.

14   N.N. Ökologische Briefe. 1990; 17: 10 - 17.

15   Lohse J. Müllmagazin. 1991; 4: 32 - 34.

16   Brodensen K.; Tartler D.; Danzer B.: Chemische Aspekte des Elektronikschrott-Recyclings. Vortrag auf dem Kongreß „Verwertung und Entsorgung von Elektronikschrott III" am 23.02.1994 im Rahmen der UTECH, Berlin.

17   Ibold H. in Fleischer G. EDV, Elektronikschrott, Abfallwirtschaft. Berlin: EF-Verlag für Energie und Umwelttechnik; 1993.

18   Lohs K. Abfallwirtschaftsjournal. 1994; Nr. 12: S. 855 - 857.

19   Wolf J.: Recycling von Fernsehgeräten. Studie im Auftrag der Stadt Nürnberg: 1992.

20   Rüdiger A. Elektronik Journal. 1991; 24:150.

21   Stubmann C.: Vorstellung des Schleswag-Recyclings von Elektronikschrott. Vortrag auf dem Elektronikschrott-Seminar III im Rahmen der UTECH am 23.2.1994 in Berlin.

22   Maier S. in: Tiltmann K. O.; Schüren A.: Recyclingpraxis Elektronik. Köln: Verlag TÜV Rheinland, 1994.

23   IMS. Entsorgung von Elektro- und Elektronikgeräten aus Haushalten.

24   Breer J.; Dechow O.; Jochimsen J.; Röhrer W.: Computerschrott-Recycling. Berlin: Erich Schmidt, 1992.

25   ZVEI: Umweltgerechte Entsorgung von Fernsehgeräten. Memorandum des Fachverbandes Unterhaltungselektronik, Arbeitskreis Entsorgung von Fernsehgeräten. Frankfurt/M.: ZVEI, 1991.

26   Kreibich, R.: Ökologische Produkte - Eine Notwendigkeit, in: Jahrbuch Ökologie 1995, München: 1994/94, S. 205ff.

27   Behrendt, S.; Kreibich, R.: ECODESIGN - Umweltorientierte Konstruktion von Produkten, IZT WerkstattBericht Nr. 17, Berlin: 1994.

28   DIN-Mitteilungen, 3/94

29   Kreibich, R.: Ökologische Produktgestaltung und Kreislaufwirtschaft, Umweltwirtschaftsforum, UMF4, Heidelberg: 1994.

30   Fülgraff G., in: Kreibich, R. et al.: Vermeiden statt Entsorgen, Weinheim/Basel: 1993.

31   NAGUS Normenausschuß Grundlagen des Umweltschutzes im DIN. DIN-Mitteilungen: Grundsätze produktbezogener Ökobilanzen. Berlin: Beuth, 1994.

32   Hartmann D. R.: Simulation des kumulierten Energieverbrauchs industrieller Produkte. Gräfelfing: Technischer Verlag Resch, 1986.

33   BUWAL Bundesamt für Umwelt, Wald und Landschaft (Hrsg.): Ökobilanz von Packstoffen. Bern: Schriftenreihe Umwelt 123, 1991.

34   Zentralverband Elektrotechnik- und Elektronikindustrie e.V. (ZVEI), Arbeitskreis Produktionstechnik. Leitfaden „Vermeidung flammhemmender Zusätze in Kunststoffen". Frankfurt: 1992.

35   Gächter R.; Müller H.: Taschenbuch der Kunststoffadditive. München: Carl Hanser Verlag , 1989.

36   Bottenbruch L. (Hrsg.): Kunststoff-Handbuch. Bd. 3.2 Technische Polymer-Blends. München: Carl Hanser Verlag, 1993.

37   Schöps D. ELPRO Elektronik-Produkt Recycling GmbH, Braunschweig. Persönliche Mitteilung vom 8. August 1994.

38   Fröhlich G. Noell Abfall- und Energietechnik GmbH, Niederlassung Gosslar. Persönliche Mitteilung vom 14. Dezember 1994.

39   Fröhlich G.: Mechanische Elektronikschrottaufbereitung am Beispiel von Telekommunikationsschrott. Skript des Vortrags auf dem VDI-Seminar „Praxis der Elektronikschrottentsorgung - Aufbereitungsverfahren und Entsorgungswege" am 7. und 8. März 1994 in Duisburg.

40   GE Plastics. The Material Selector. Firmenbroschüre zur Materialauswahl.

41   Rohr M. „Kunststoffe - Erkennungskriterien" in: Tiltmann K. Schüren A. (Hrsg.). Recyclingpraxis Elektronik. Köln: Verlag TÜV Rheinland, 1994.

42   Lashinsky A. „McDonald's beefs up use of recycled materials". Plastics News. 1991; 6: S. 32.

43   Ehrig R. J. Plastics Recycling: Products and Processes. München: Carl Hanser Verlag, 1992.

44   General Electric Plastics. Design for Recycling. Firmenpublikation.

45   EWvK. Technologiestudie Stoffliches Kunststoffrecycling. Bad Homburg: 1991.

46   APME/PWMI (Association of Plastics Manufactures in Europe / European Centre for Plastics in the Environment). Eco-profiles of the European plastic industry. Brüssel: 1993.

47   Buchert M.; Jenseit W.; Wollny W.: Kunststoffe. 1993; 6: S. 451ff.

48   Maas H.; Theobald W.: Rückstände der Eisen- und Stahlindustrie. Müll-Handbuch, Kennzahl 8575, Lieferung 6/83. Erich Schmidt Verlag: Berlin.

49   Berghoff R.: Müllverbrennung - Schwelbrandverfahren - Thermoselectverfahren, Vergleich der Emissionen unter besonderer Berücksichtigung der Brennstoffsubstitution. Landesamt für Wasser und Abfall; 1993.

50   Bank M.: Basiswissen Umwelttechnik. Würzburg: Vogel Buchverlag, 1993.

51   Houghton J.T.; Callander B.A.; Varney S.K.: Climate Change 1992. Cambridge: Cambridge University Press, 1992.

52   DFG Deutsche Forschungsgemeinschaft. MAK-BAT-Wert-Liste. DFG Mitteilungen Nr. 29. Weinheim: 1993.

53   Friedl C. „Krebs durch Dioxine". VDI-Nachrichten. 1994; Nr. 38: S. 32.

54   Breuer H. „Verwertungsansätze" in: Tiltmann K.O.; Schüren A.: Recyclingpraxis Elektronik. Köln: Verlag TÜV Rheinland, 1994.

55   Atmatzidis, E.; Behrendt, S.; Kreibich, R.: Wirtschaften in Kreisläufen - Ökologisches Produktmanagement, i.E. Weinheim/Basel: 1996.